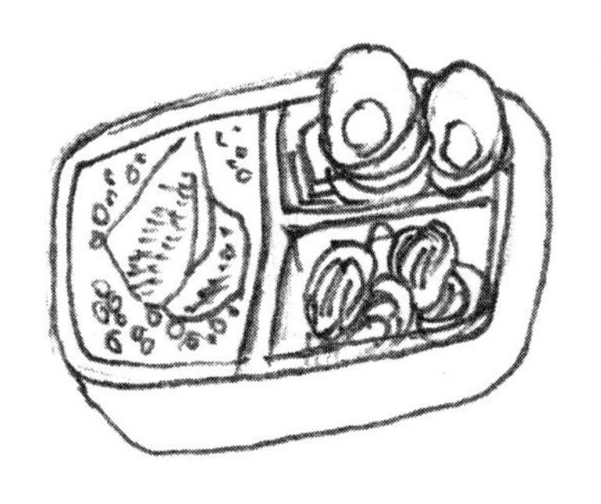

下厨记 VII

邵宛澍 著

上海文化出版社

目录

Contents

地上走的

003 酱牛肉
009 罗望子小排
012 霉干菜烧肉
017 烤小羊腿
020 五香洋葱鹿肉
023 粉蒸肉
027 烤酿彩椒
032 芦笋炒猪肝
036 昙花排骨汤
039 洋葱牛尾汤
043 肉骨茶

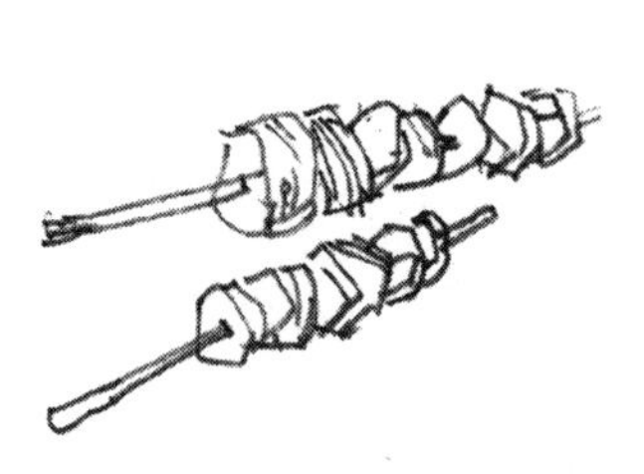

水里游的

049 福州插蛏
053 三文鱼皮天妇罗
057 甜豆拌北极贝
060 清蒸甲鱼
065 象拔蚌二吃
070 烤越南腌鲫鱼
073 豆豉鲮鱼炒生菜
077 鱼肚蛋丝羹

天上飞的

083 番茄秋葵炒鸡块
087 烤鸡大腿
090 鸭膀三吃
096 剩下的火鸡
102 橙花鸡
106 烤鹌鹑
111 醉鸡
116 猪柳蛋

田里长的

123 酸辣牛油果
126 凯撒色拉
132 拌薄荷
135 红柚淡菜色拉
139 白灼生菜
142 大刀色拉
147 快手南瓜
151 BLT 色拉
154 芋泥

中西点心

161 简版不正宗的好吃叻沙
166 手擀面
171 越南檬粉
176 仿美新春卷
183 牛肉酥饼
188 鲜肉月饼
193 “包脚布”与可丽饼
198 迷你粢饭糕
202 羊角三明治
206 鲜肉小笼
213 玉米片塔
221 越南牛肉河粉
228 上海咸豆腐浆
233 约克郡布丁
236 泡饭

地上走的

Menu

酱牛肉

罗望子小排

霉干菜烧肉

烤小羊腿

五香洋葱鹿肉

粉蒸肉

烤酿彩椒

芦笋炒猪肝

昙花排骨汤

洋葱牛尾汤

肉骨茶

酱牛肉

故事要从我的圣地亚哥行开始。

海洋世界的明星——杀人鲸，要停止演出了，原因是多个动物保护团体长期抗议，于是海洋世界决定以后取消杀人鲸的表演了，好像是从2017年元旦开始。我便趁着2016年的圣诞假期，带着家人最后去了一次。十年前，我们曾经造访过海洋世界，当时玩了扔球的游戏，三个球扔中两个大奖，把一对大青蛙玩偶带回了家，那时家女尚幼，给青蛙们取名“圣地”和“亚哥”。

玩了海洋世界，定了中途岛航母的票，打算第二天一早去玩，在圣地亚哥的老镇上吃了墨西哥的早餐，然后驱车前往停放中途岛号的码头，谁知开到大路就塞车，塞得水泄不通。原来当天是圣地亚哥一年一度的Holiday Bowl大游行，是美国最大的气球大游行，而游行地点就在中途岛号所在的那段海滩之上。

游行的队伍沿着海边由北到南，我在海滩的东面与游行队伍同向而行，速度可能还没有他们快，只是当中隔着一排建筑压根就看不到。想着沿路看到停车场就停车步行吧，无奈早都客满为患了。

塞了一个多小时，总算逃出那片区域，改变行程去了Balboa Park，花了半小时才找到车位，逛了一圈已经一点多了，就在Balboa Park找了家类似酒吧的露天餐厅，先是在门口排队，倒也还好，排了十来分钟就被发了菜单进入花园。不成想，里面还要排队，要排队点了餐才能入座，好吧，那就排吧。老外都是AA制的，三个人一起就要等他们三个一个个点餐付账，为什么就不能一人先付了再分呢？

就这样一来二去，及至排到我们，又是廿多分钟了。点了餐，拿了桌牌，收银员补了一句“大概要等四十五分钟”。什么？我排了半个多小时，还要再等三刻钟才能吃到？那就得要快三点了，我的妈呀，美国的节奏可真是慢，你们就不能在花园口告知一声吗？

果断决定不等了，于是再退单退钱，后面的老外们毫无怨言地等着，只能向他们对不起了，不过就算你们马上点到餐，也照样不是立刻能吃上啊！

落荒而逃，一路上要么没看到餐厅，要么没有停车位，饥肠辘辘，那天的午饭最后是在中途岛博物馆门口的咖啡亭买的，一人一块涂了果酱的烤面包。及至看完航母，又想趁天还没黑赶快回家，结果路上又碰到“黄金周返城客流”，饿得半死。

吃一堑，就要长一智。在路上塞车的时候，大家就在讨论若是下回出门，定要带些干粮在车上，否则塞起车来，高速路上可不像北京会有村民来卖方便面，那可真是要饿死了。

我可不会放点饼干在车上就算带干粮了，想想以前打仗时赶路么也带白煮蛋了。记得我们小时候，一年有两次学校组织的出游，春秋各一，出游的午饭是要小朋友自己带的。那时没有全家和任何的便利店，你没法买个大口饭团带着，早餐摊倒是有，我们同学也的确有家长就买副大饼油条给带着的。我算是比较出风头的一个了，只要我去春游秋游，祖母总是连夜给我摊好蛋皮，夹在切片面包中。那时，切片面包都是很“拉风”的事了，因为商店中没有卖。商店中只有枕头面包卖，“片”要自己切，然而切面包可不是小洋刀大菜刀就能切好的，那种包装既松且湿，用普通的刀一切就瘪掉了，而不是方方正正的一片。

“文革”之后，家中去失大半，倒是留下了一把象牙柄的西式面包刀，估计“小将们”不识货，又或者更好的东西看多了，反正这把刀就给留了下来。这是把有着极细锯齿的长刀，说是切，其实是极锋利地把面包锯下来的。

家中平时藏着舍不得吃的白脱油，会让我涂在面包片上，再夹起蛋皮，另一块面包抹上果酱，也夹在一起。放在现在，就是个极粗糙的三明治，可在当年，已经是全班最奢华的春秋游午宴了，比大多数老师带的都好。后来，三明治中还有了罐装火腿(ham)；再后来，有了红肠有了新鲜的方腿。

我小时候就带着全班最拉风的干粮出游了，难道现在带女儿出游还只是带包饼干？那绝对不行。

我先是出 Home Depot 买了一个 Rubbermaid 的大冰盒，国内大多数人用它来钓鱼，美国大多数人用来装啤酒，我买来为了装干粮。要知道，哪怕是冬天，太阳直射的后备箱还是可以达到相当高的温度的。冰盒中可以放冷冻剂制成的盒装冰块，然后把食物放在当中，就是个不用电的冰箱了，可以保持几天的低温，相当有效。

有了冰箱，不就是想带啥就可以带啥了？要是酒店带微波炉，晚上根本不用去馆子吃饭，红烧排骨过老酒都成。

酱牛肉，乃是居家旅行的必备佳物，特别在旅途，一边开车一边都可以吃。把酱牛肉事先切片放在盒中，放在搁手箱上，随手就可以拿来咬嚼，其味又香，惹得一车的人抢着吃，直叹下回应该多做一点。

好，我们来说怎么做酱牛肉，也就是“阁主秘制酱牛肉”。

酱牛肉，用“牛转子”做，也就是牛的小腿上腱子肉。“牛转子”的标准写法是“牛脲子”，“脲”是一个特殊的粤语字，指的是“牛腿等带有筋的肉”，读如“津”，上海人不识，就读半边，变成了“牛转子”。

在上海，牛脲子是牛肉中最贵的，对哦，上海的牛排去哪里了？在美国，牛肉要细分得多，牛腱多半已经切成小块作为专供“stew”的牛肉来卖。我只有在大华超市见到过整只的牛脲，大的三四磅一个，小的一磅出头点。

烧酱牛肉，我算是半个专家了，在上海的时候，我是五十斤一包的牛脲一起化冻一起烧的。当然，不是一锅烧。选上一个大的或是两三个小的，视家中大锅的尺寸而定，别怕烧得太多，你烧再多都会后悔烧少了的。一来，牛肉缩得相当厉害；二来，这玩意实在好吃，吃起来又方便，所以“销路”太好，大家尽可多买些，一次做好后，放在冷冻室里，可以保存很久。

牛脲子买来，将之切小，大概为两个拳头的大小，基本上大的脲子一切为四，小的为二。找一口大锅，将牛脲放入，放水浸没，然后开大火烧煮，待水烧开后，关火待其冷却后，用清水将牛脲和锅子都洗净。

这一步叫做飞水，上海话叫“氽脱一潽水”，北方叫“焯水”，大多数的飞水是水开后就关火，在物料还烫的时候就取出洗净，那一般是对小块的食材而言，但是牛脲大且血水厉害，要将之浸在热水中“醒”透，再煮的时候就不会有血水渗出来；要是与小物料同样的方法处理，再煮的时候还是有大量的血水出来，烧结成血沫，很麻烦。

把洗净的牛脲放回锅中，重新放水浸没，再放入桂皮一根、茴香三颗、香叶两片、丁香四枚、花椒九粒、干红辣椒六枚，就是这些香料，照我这个比例，保证你香氛调匀平和。若是想自行调整也可以，但是有几点，丁香霸道切不可多，花椒不仅增香且影响口味，亦不可多。至于干红辣椒，六枚的量只在有意无意之间，小朋友亦可食之，若是喜辣的朋友，则需要大量添加。

点火烧，待水烧开，还要放三样东西：生抽、老抽和糖。这些东西要在一开始就放下，放到尝着有隐约的咸味和甜味，酱牛肉要烧到盖过牛肉的水将近收干，如果现在就有明显的味道，待到收干就苦咸不能食了。还有老抽，也不用多，多了牛肉像块黑炭，少了最多就算卤牛肉嘛，我是拿着瓶以小流速绕着水面兜上两圈，一个约摸的量，给大家作个参考。

加盖，把火稍微关小一点，若是始终大火，最下面的牛肉会被炙焦，而且烧到水干牛肉还没酥，就不好玩了。用偏大的中火来煮，煮约两个小时，开盖，此时用筷子应该已经可以扎通牛腱了，只是要花点力气才扎得过，谓之硬酥。

然后开着盖烧，水面会快速地下降，每隔十分钟左右翻动一下。如果有人这时从门外进来定会惊呼："你在烧什么东西呀这么香？"不过你灶边待得时间长了，反而倒觉不到了。再烧半小时到一小时，收到汤汁开始变稠，大约只剩先前的四分之一左右，就可以关火了。把牛腱趁热取出，用保鲜膜包紧，放在冰箱冷藏室中彻底冷却。

酱牛肉一定要趁热从锅中取出，否则汤汁冻起会粘在牛肉上，切的时候碰到手的温度又融化，会弄得黏黏的不清爽。酱牛肉一定要冷透才能切，不然的话一切就散，切记切记。

如果在家吃的话，把切好的牛肉片码在盆中，再把汤汁化冻后淋上，风味绝佳。若是带着出门，就不用汤汁了，干的放在盒中，吃起来方便。

酱牛肉冷透后很硬，要把刀磨快后再切，上海有句俗语，叫做“钝刀割破手”，特别是切硬东西，一定要把刀磨快了切。这是考验大家刀工的时候了，把牛肉切到二三个硬币的厚度，再薄的话恐怕就散了。好的酱牛肉，切片像是盘山公路一般，筋肉对半，举起来看看，又如赛璐珞般美丽，这才是好的酱牛肉。

罗望子小排

中国人好讲究名字，起个菜名，都是弄点意境讨个彩头弄个巧，“金银蹄”“如意菜”算是吉祥的，“贵妃乳”“西施舌”就有点吓人了，至于香港人年夜饭上“金玉满堂”“富贵盈门”则完全让人不知所云了，这些菜在不同的店里，完全是不同的名字。

上海人“崇洋迷外”是出了名的。各位不要骂我，我说的是“崇洋迷外”，并不是“崇洋媚外”。在我看来，此词并无贬义，只是个现象罢了。再说了，上海人眼里只有欧美算“洋”算“外”，其他地方皆是乡下。最近的二百年来，但凡医学文化科学声色之高者，皆出欧美，一个落后的地方向往好的东西，是件好事，故步自封妄自称大才是要命的。

这不，什么汉服古风在上海成不了气候，至于红歌会更是没有市场，倒是西域习俗被闹得风生水起，玩玩情人节万圣节么也就罢了，我实在搞不懂感恩节和超级碗，上海人起个什么哄？

在上海，但凡沾个洋名，就能好卖一成，这也难怪大牛、二妞到了上海就成 Jack 和 Marry 了。又如好好的樱桃不叫，非要唤作车厘子，也挺好，小辈上海人不能准确发音“樱桃”反倒不雅。

记得有家素菜馆，叫做“普罗旺斯”，生意红火了得，乃是家父有段时间的午饭食堂，只是和法国菜压根沾不上边。

今天要说的东西，也有个洋名，叫做“罗望子”，和“普罗旺斯”听着差不多吧？

罗望子是什么？一种热带植物，源于非洲，由埃及传至欧洲及中东，再由丝绸之路到南亚，如今云南颇多，上海人从不曾见。这种植物外形像是蚕豆，其色褐，其壳硬，民间俗谓“酸角”，此物极酸，空口食之有“倒牙”之感，云南常用来代替乌梅做酸梅汤。又有一种，长得是一样的，只是味甜，即名甜角，云南的小孩子就当作糖果来吃。酸角、甜角并不能从外形来分辨，乃是货主事先分好了卖的，当与其种有关。

此物美国也有，叫做 tamarind，据说词源来自中东，是“印度蜜枣”之意。美国的品种，不分酸甜，没有酸角那么酸，也没有甜角那么甜，平时当作零食吃很是开胃，用来烧小排也不错。

Tamarind 在亚洲超市和墨西哥超市都有售卖，有时老外的超市也有，袋装的盒装的都有，西餐中用处也不少，据说有“嫩肉”奇效。买罗望子，挑颗大而重的买，远望外壳有光泽的才好。

所谓烧小排，上海人传统所说的“小排”现在叫做“杂排”，不但在美国，就是在上海也很少见了，我们就改用“肋排”来做，最好是肋排的前段，硬骨短而软骨长，容易切割。美国的超市有一切横切的肋排卖，整条寸许宽的肋排，乃是机器切成，这种最好，买上一两条来，在二骨中间切开，即成小块如骨牌大小。切的时候不要贴着骨切，否则一烧骨会掉出来。

取十来枚罗望子，剥去外壳，里面的籽是连在一起的，比外壳颜色更深，表面有些黏黏的，不新鲜的就干了。

先将小排出水，取个锅把小排放入，用水盖过，烧至水沸后再稍煮片刻，锅中血沫一片，关火后将每块小排仔细洗净，再把锅也洗净，然后重新放水将罗望子和小排同煮。

有白煮和红煮两种方式，前者加盐后者放生抽老抽，我还是比较偏向后者，因为白白的小排，除了在汤中之外，实在令人提不起食欲。

我的做法是把水盖过小排和罗望子，加生抽老抽和糖，大火烧沸后改成中火，时常翻搅以防粘底，半小时后再改大火，再不时搅动直至收干。

此菜全程不用小火，因为肉块小，所以可以这么做，如果大的话，还是需要炖一炖的。成品色泽亮红，与上海的糖醋小排有异曲同工之妙，然而酸味则更和顺柔绵，实在是很新奇的味觉体验。

据说“罗望子”的名字得自某位罗姓农夫，专种此种植物，家中只有独子一名，遂给此物取名“罗望子”，乃是“罗家望子成龙”的意思。怎么样？一点也洋气不起来了吧？

有一种说法尚为可取，此物由泰国传来，乃是“回望暹罗”之意，最早见于宋代范成大《桂海虞衡志》（1175 年），反正不是个洋名。亦有人写论文说酸角并非罗望子，惜传播不广，本文仍用民间俗称。

及此，让我想起另一个名字的由来，也颇可增笑。说是美国印地安，乃商纣王派出去的人九死一生分别到了美洲之后，见面时互致“殷地安”，乃是祝福故乡安康的意思，久而变成了“印地安”。有人还以此洋洋洒洒写了数千字的文章旁征博引来证明美国人乃是中国人的后代，我只能叹一声：有病早治。

霉干菜烧肉

当别人问我是哪里人时，在美国我说是上海人，在上海我说是苏州人。

说上海人，因为我出生在上海，长在上海，十七岁之前只去过苏州、无锡两地三次。对的，十七岁前只出过三次“远门”，大概在无锡住过一晚，加起来四天。要是这都不算上海人的话，可以加上我的父母出生在上海，祖父母出生在上海，这总算是上海人了吧？虽然曾祖父出生在台北，可他的爹是上海道台，他不算上海人的话，我总能算了吧？

我在上海说我是苏州人，那是因为祖母是苏州人，我从小由她领大，严格地说我的母语是苏州话，我会说一口流利的苏州话，只是我的苏州话跑到苏州年轻人听不懂，还得是和七八十岁的人才聊得起来。人家问：“你是说书的吧？”

然而我在户口本上，既不是上海人也不是苏州人，中国的户籍是件很霸道的事，不管你在这里生长了几代还是几十年几百年，户口还就得填“祖籍”，在户口本上写作“籍贯”，你一旦犯了错误，就可以“遣送回原籍”。

小时候填表，除了家庭成分外都要填原籍的，我一直填“浙江余姚”，虽然我从没去过那个地方，连我的父亲都没去过。

后来我去过一次余姚，只去过一次，那是在有了女儿且女儿已经不小的时候，与几家朋友各自带着孩子去余姚摘杨梅。偏偏我又是个不喜欢吃杨梅的人，所以严格地说我只是陪着他们去的。去的结果是：我和女儿的原籍好破败，好处是我吃到了新鲜的杨梅，原来还是很香甜的，过去不爱吃只是因为没吃到好的。

余姚盛产杨梅，还产霉干菜，是一种腌制过晒干的雪里蕻。雪里蕻是种芥菜，我国的大多数咸菜、泡菜、酱菜、酸菜、榨菜、福菜、冲菜都是用各种各样的芥菜经过各种各样的工艺制成的，霉干菜只是其中的一种。霉干菜因为菜身上显现灰白色，形似发霉，故有此名。有人嫌此字不雅，遂改成了“梅”字。

其实完全不用谈“霉”色变，我的原籍还有种叫“霉千张”的东西，是用百叶加微生物“霉制”而成；至于大家喜欢的乳腐，其实也是要让豆腐先发霉长毛，才能产生大量的氨基酸，变成大家喜爱的口感与口味。

今天，我们就来做一道霉干菜烧肉。这本来是道穷人的吃食，很大量的霉干菜，一点点的肉，把肉烧化了，吃浸透了肉油的霉干菜。真正的吃客是不吃霉干菜烧肉的肉的，只是吃霉干菜，那个菜的传统做法很咸，一小撮可以吃下一大碗饭。那边的吃口很咸，宁波、余姚、绍兴，都是一个风格，腌与咸，还有各种“臭”和“霉”，如今引入现代餐饮的改进，倒也不失为别有趣味的一类美食。

霉干菜的挑选很有讲究。首先是“霉”，要挑香而没有“霉陈气”的，好的霉干菜，扑鼻香气，是一种特别的香气，那种闻上去就让人胃口大开的香气；其次是“干”，霉干菜要拿在手里轻飘飘的，捏起来干干松松的，不是捏上去黏黏的，那就是没有晒透真的有些变质了。举起霉干菜，抖一抖，要没有泥沙，有的霉干菜不是吊起来晒的，直接在泥地上晒，就会有泥沙。霉干菜有种高级版本，是加了切小的嫩笋的，叫做笋干菜，那是霉干菜的极品。前面说到有人嫌“霉”字不雅改成“梅”，并说是梅雨季节做的，这就是笑话了，梅雨季天天下雨，怎么把菜晒干？继而要做笋干菜的话，梅雨季也没有笋了呀；在梅雨季晒腌菜，可能会做出真正意义上的“霉菜”来的。

我在洛杉矶，华人超市有各种霉干菜卖，有很多还是在美国生产的，美国也有雪里蕻，当然可以做腌菜。我买到过一种新东阳出品的“绍兴梅干菜”，品质与风味都相当不错。我总是一买就买三包，台湾人的东西包装小，一包不够吃。肉呢，洛杉矶这边的五花肉都是像 iPad 般一块冻的，挑肥一点的买，这道菜要有油水才好吃。

我经常在肉摊上听人说“给我块瘦一点的五花肉”，我总是会好奇这位大姐当年找男朋友是不是要个“娘一点的小伙子”。虽然五花肉的终极奥义是五花三层夹精夹肥，但基本要求还是“肥一点”啊！想吃瘦的吃里脊吃臀尖吃腿肉就可以了呀！

不管她的男朋友了，我们来做霉干菜烧肉。买回家，把霉干菜放在漏网里冲洗一下，然后找个大缸浸着，板砖五花肉就找个容器放着，让它自然解冻。

等第二天，把五花肉一切二，然后找个大锅子，放水煮它个半小时三刻钟的样子。同时，把霉干菜轻轻地从水中捞出来，一定要轻轻地，万一有泥沙让它们沉在水底。

待五花肉煮硬了，把水倒掉，然后拔毛，是的，拔毛。不知从什么时候开始，五花肉的毛用剃的了，你拿到手的五花肉干干净净，可是等一烧肉就收缩，毛就顶了出来。我有好几个朋友烧红烧肉，说是明明买来仔细看过，下锅前绝对是没有毛的，为什么烧好的红烧肉就有毛了呢？道理就在这里，所以现在的五花肉要先煮一下，然后再拔毛。

先煮还有个好处是切起来方便，肉变硬了，容易下刀，方便掌握大小。

别和我说什么古法不是这样的，古法用柴现在用煤气，古法这么出回水，她男人得上山砍两回柴，她自己还得去井边多打一次水。时代不同条件不同，烹饪的工艺也要作出相应的调整，这是我一贯的主张。我最看不懂好多女性朋友参加汉服运动、主张恢复国礼运动，让孩子读弟子规、自己学女德等，中国人花了那么大的努力和牺牲才争取到了男女平等，为什么有那么多的女性却要讲古法？

再说一次，烹调上的古法就是食材不能控制、工艺难以保证、出品无法预计，最终成功无法仿制，这是小规模农耕经济的一种自我保护，现在谁还百分百守着古法不放，那根本就是个笑话。所有主张遵古法的，请用古法生孩子。

说回来，现在五花肉变硬了，切起来很方便，先切大片，再切条，切成大约小手指粗细的条，“古法”还要细一点，那时的肉贵，如今我们这道菜，既吃菜也吃肉，所以要大一点。竖着切，这不用多说了吧？从来没听说过五花肉横切的。

把霉干菜放到锅中，把五花肉盖在上面，然后加水，盖过五花肉。有人会问，照阁主的风格，一定会把浸霉干菜的水倒回去啊，为什么没有呢？是的，我会利用浸香菇的水，但我不会用浸海蜇浸扁尖的水，太咸了啊！霉干菜也是咸的，这水没用的。

开大火烧，放生抽、老抽，霉干菜有盐分，所以生抽少一点，老抽呢不妨稍微多一点，这道菜如果看着色淡，总觉得没有烧透似的。对了，如果是笋干菜烧，则颜色要稍微淡一点，要肉眼分得出笋干和菜的区别才行。

水开了之后，先烧它两个小时，用小火。霉干菜烧肉是道要“焐”出来的菜。什么？焐要用很多柴？开什么玩笑，焐只要开一点点风口，用余柴就可以了。好的大灶可以一夜不熄火，那就焐一夜霉干菜烧肉好了。

两小时以后，尝一下肉，已经酥了，但油还没完全出来，如果你喜欢现在的口感，那就加糖，大火猛收，此时的汤水还有很多，要收干一半左右，汤面要比菜面低一两寸左右才行。我是喜欢烧它三四个小时的，从两小时起，每过半个小时加点糖，同时把火调大一点，让它慢慢地自然收干。

对了，在收干的同时，你最好煮上一碗饭，白米饭。我已经把大多数食物调整成可以配啤酒食用了，可是对于霉干菜烧肉这玩意，好像还是必须来上一碗白米饭，那才吃得过瘾吃得爽。

要软软的白米饭，冒着热气，摷一大把霉干菜烧肉，堆在饭上，再用白瓷调羹压着菜碗里的霉干菜，压下去时会有汤浸到调羹里，舀起来，淋在饭碗中的菜上，渗到饭中……

好吃啊！

烤小羊腿

美国的羊肉总是比牛肉贵，据说是因为牛可以用饲料喂养，而羊不能。我并不是很信这种说法，你想藏书镇一年要卖出多少羊去，那边的地价是个什么概念？怎么可能用来种草？况且也没见那儿有大规模的干草贸易。估计美国人应该去那里取取经，就能让羊肉价格下来了。

上海人以前是不吃羊肉的，我指的是市里的上海人，因为买肉是要凭票的，普通的非回民家庭是没有牛羊肉票的，因此也就没有牛羊肉吃了。等到后来，可以买牛羊肉了，也是吃牛肉远多于羊肉，这在于上海的羊是山羊，有"膻"味，比较难以处理。

再后来，新疆人来了，卖烤羊肉串，是绵羊肉的，上海人才普遍接触了羊肉；再再后来，才知道原来崇明、嘉定、真如、七宝等原来的"乡下"，都有产羊肉吃羊肉的习俗，去那边玩，上海人也喜欢买上一块白切羊肉回家，顺带还一定要说上一句："哎呀，自家屋里弄勿好呃呀！"

上海人，在家烧羊肉的话，百分之九十九只会做红烧羊肉，哪怕炖个羊汤都不会，这还是百分之九十九的人不会在家自己烧羊肉的前提下。

上海人是吃涮羊肉的，而且讲究吃"热气羊肉"，口感要较北京的机制薄片冻羊肉来得好。这也难怪，北方冬天的气温那么低，如果不"保温"的，内蒙的羊运到北京就全冻住了。因此，上海的涮羊肉在总体上并不比标榜涮羊肉的北京来得差，只是有些店没有牛栏山的二锅头。

今天来说一个失败率很低的烤小羊腿，特别是在美国的朋友，可以照着买来试试看。说是“小羊腿”，其实是“羊小腿”，东西不大，甚至还没有一只手枪鸡腿大，小，则易入味，也方便一顿吃掉，我最讨厌剩菜了。小羊腿英文叫做“lamb shank”，是一根一虎口长短的带骨的棒肉，去阿拉伯人开的清真店买，保证货真价实。

人少的话，建议买两根就够了，人多的话，不妨按照人头算，一人一根也不错，免得不够分打起来。买的时候，挑尺寸相仿的，否则大大小小，形象不佳。

小羊腿是主菜，还要个配菜，我选用的是小洋山芋，Baby Dutch Potato，只不过比玻璃珠大一点，很糯也很香甜，同样按照人头，每人六七颗七八颗的样子。

小羊腿买来，洗净，用水冲冲就好了。小洋山芋也冲洗干净。用一把叉子在小羊腿和小洋山芋上戳些洞，只要“胡乱”插上几下就行了。

给小羊腿抹上盐，撒上干的甜罗勒碎（sweet basil）和牛至叶碎（oregano）、现磨黑胡椒粉，以及新鲜的迷迭香，然后用厨房纸把小羊腿包起来，在冰箱里放上一两个小时。

将烤箱预热到350华氏度，把小羊腿取出冰箱，厨房纸已经湿了，香料已经粘在小羊腿上了。在烤盘中放一张大的铝箔，把小洋山芋铺在底上，上面放上小羊腿，然后将铝箔包起来，连烤盘一起放进烤箱。

烤吧，用350度烤两个小时，不用照看，不用翻面，尽管看书写字上网玩游戏。这是道很适合懒人做的菜。网上有的方子是把羊腿放在烤架上，下面留个盘子放土豆，以便让羊油滴在洋山芋上。这种做法比较适用于大只的羊腿，整只带皮的那种，小羊腿太小，如果敞开烤容易把肉烤硬烤干，不适合。

别以为包着香气就出不来，照样会一房间香味的。烤了两个小时后，把烤盘拿出来，打开铝箔，你会发现小洋山芋半浸在羊油中了，把它们翻动一下，捏住小羊腿的骨头蘸匀羊油，然后把烤盘放回烤箱，用400华氏度再烤一刻钟，这回不用再把铝箔包起来了。

然后，就是装盘了，装盘前先在浅盆放点水，摆在微波炉中转一下，这样盘子就是热的了，再放食物效果就会好许多。

哎，好想念上海的羊肉串啊，浙江路上的新疆人烤羊肉串，我们过几天在洛杉矶把它烤出来！

五香洋葱鹿肉

我信佛，所以忌五辛，但我可远远没有穆斯林忌猪肉那么忌，你要蒜苗炒个肉片，我最多就是把肉片挑出来吃，还不至于要特地为我再炒个菜。有一次，隔壁邻居请我喝酒，在上海话的语境中，“请吃饭”与“请喝酒”是完全相同的意思，正式请吃饭总是有酒的，为了喝酒总是有菜的。可是，我的邻居是个甘肃人，他们那儿说请喝酒就是喝酒，还算是为了照顾我，他准备了两个菜，一个是微波炉炸的花生米，另一个是蒜泥拌黄瓜，那个蒜味啊，记忆犹新。

生蒜我是不吃的，好在那位哥们的刀工实在差，蒜泥成了蒜粒，我只要用筷子刮去即可。

辛是哪五辛？不同的教派引用不同的经典有不同的说法，我反正基本做到不大量生食各类有刺激性食物就是了呗，但你要在炒好的海鲜里撒上一把葱，我也不反对；我也不至于特地关照老板咖喱牛肉汤里别放香菜，我大不了将它们拨到一边就是了嘛，做人不可以对别人矫情。

在外面吃饭，别人问我有什么忌口，我一般是说没有，免得别人麻烦，要特地为了我改变菜单。然而有时也会有细心的朋友发现我把大葱大蒜都拨开了，问我，我就说自己是佛弟子，忌五辛，然后接下来席上必有人问：“那么你吃肉吗？”

每次总有此问的，然后要解释上一大堆，大多数情况是解释不通的，在很多人眼里，肉可以不吃，蒜怎么可以不吃？好有趣的想法。

我这个人豁达，信佛信得很随意，我能做到的，就是不为恶，不为自己开心而杀生——岂有这么不要脸说自己“豁达”的？在这个家家都有宠物的国家，在这个中餐馆用个活鸡就会遭人抵制引人抗议的地方，你们不知道的是，这也是个有着庞大钓鱼市场和狩猎市场的国家。

美国制定了很多的法律法规，来保证饲养的动物能够以最快最不痛苦的方式被杀死，这要比佛教国家都来得仁道慈悲，然而这却又是个可以钓鱼和狩猎的地方，真是奇怪。

我不钓鱼和打猎，那就是基于自己开心的杀生了，但我不反对别人那么做，任何人都没有权力反对别人自己寻开心吧？我有很多朋友，都是钓鱼或打猎的高手，可惜他们只会渔猎，却不谙调理，于是经常有了收获后就来送给我，让我“开开荤”。

这不，有位朋友送了包鹿肉来。

鹿肉是冰的，放在一个塑料袋中，有小西瓜那么大的一团，将肉球浸到水中，用小水淋着，一会儿，盆中就全是血水了。肉散开，比牛肉的颜色稍微要淡一些，全是精肉，没有丝毫肥的，肉的肌理相当粗，纤维很长很明显。大多数肉都是条状的，应该是腿肉，被一把很锋利的刀割下的，因为有些肉上还带着骨片，明显是刀快速割下的，喜欢打猎的人有把快刀也是必须的。

大多数野味都很精瘦，像鹿这种，几乎没有什么脂肪，除了尝鲜之外，其实并没有什么吃头。我一向是不主张吃“野生”的，野生动物大多数未经优化育种，并不符合饮食的习惯。

烧了一小锅水，割了几片肉，煮熟后尝了一下，肉很粗很老，好在没有什么异味。将鹿肉切块，比麻将块小一点的块，切得大恐怕咬起来累。先将鹿肉浸泡到不再有血水渗出,再出一潽水。血沫依然相当厉害,重新洗干净。

找了一只洋葱来,隔120度切一刀,转着切,然后再横着拦腰一刀,总共四刀切成十二块,放到锅中,加一点点油煸炒。洋葱受热会散开,就是洋葱片了,煸到发黄微焦,得有二十来分钟,我是拿着本Kindle站在灶台边,边煸边看书——*The Angry Chef*,很好看,也很香。

用卤料袋包了点茴香(八角)、桂皮、丁香、香叶、花椒和陈皮,把鹿肉放到洋葱锅中,又加了五六个干辣椒,然后加水盖过肉面。又放了生抽、老抽和糖,待汤沸后改成中火加盖炖煮。

大约烧了两个小时吧,最后开着盖收干一点,但没有像红烧肉那样收到汤水稠厚。卖相不错,味道嘛,很香,我是说汤汁很香,至于鹿肉嘛,就和牛肉差不多的味道,没有什么很特别的感觉。

洋葱算不算五辛?可以算,也可以不算,反正我不会生吃洋葱的,辣。

其实不管信不信佛,在现代社会里,我还是提倡不要生食刺激性食物,那会造成很严重的口气,给他人带来不便。

我的生活理念是,尽量不要麻烦别人,但也不回避麻烦别人,反正,不要给别人造成麻烦,也不要把自己变成麻烦。

粉蒸肉

我挺喜欢吃港式点心的，在上海吃了无数次唐宫之后，特地跑到香港陆羽去吃，好在我会一点白话，能混。为了去陆羽，我还特地学了苏州码子，陆羽墙上的标价是用苏州码子标的，一种特殊的记数符号，比如 4569 写作“〤〥〦〩”，学会了很酷的，我后来记日记就用这种符号，别人看不懂。

香港人很势利的，和上海人一样。算了，势利这个词太沉重，改成“与非同族类人员没有亲近感”，这总可以了吧？你到了我的城市，不会我说的话，吃不惯我的食物，看不懂我的文字，我凭什么要亲近你？这道理也对，原住民没必要去亲近外来人口，况且你还不接受本地语言和文化，那你至少得接受本地美食吧？

可惜的是，我会说白话，除了苏州码子外我还识香港汉字，可我依然不喜欢陆羽的点心和镛记的烧鹅，前者太过粗糙了些，后者不是熟客得到的东西不一样。有人对我说，陆羽的点心就是老香港的味道，那是你的回忆，不是我的。老味道不见得就是好味道，上海的长春食品厂、哈尔滨食品厂乃至凯司令，售卖着各种上海“老味道”的西点，当你全世界一大圈跑下来，发现他们卖的根本是对西式点心的拙劣模仿。

我爱不上陆羽的点心，我相信香港人也爱不上哈尔滨食品厂的牛利。

那不等于我不喜欢广式茶点，我在广州就吃到过很好的，在香港也吃到过，上海、洛杉矶也有好的广式茶点，只是洛杉矶的东西，个头都要比广州的大上一圈，对我来说，这就为难了。

因为我最喜欢吃的是糯米鸡，香菇与肉与鸡用荷叶和糯米包起后蒸的，一个简版的粽子。对了，我也喜欢吃粽子，特别是五芳斋在高速嘉兴休息站卖的大肉粽，在我吃过了嘉兴市内卖的大肉粽后，我坚信高速休息站的大肉粽是特供的。

我喜欢一切糯米的制品，只要它是咸的，五芳斋大肉粽、闽南蒸裹粽、上海的鲜肉油墩子、苏州的炒肉团子，都是想想就好吃的东西，哪怕开洋火腿粢饭糕也很好吃，虽然我一直认为那玩意应该归到素食里。

糯米鸡的问题是量不小，一件两个的话，一吃就饱了，洛杉矶的糯米鸡个头更大，一个人都吃不了一份。

要是没人与我合吃的话，我还不如吃粉蒸肉呢，也有糯米也有肉，那叫一个过瘾。

粉蒸肉，各地都有，唯上海与香港以前是没有的，我也不知道是什么原因。上海人吃整块的肉，好像就没蒸来吃的习惯，除了咸肉、香肠，可那并不是新鲜猪肉。

粉蒸肉很好吃的，一般是用肋排来做，外地称之为排骨，上海人说的排骨是大排，所以要说清。我喜欢用五花肉来做，带骨的更好。

粉蒸肉的“粉”，是一种米粉，甚至都不是粉，而是“碎米粒”。用一份糯米三份大米的比例，干的放在锅中用小火炒，炒到发黄为止。

腌肉要炒盐，炒到盐发黄，其中主要的原因是锅没洗干净。炒米发黄，其实是表面微焦。炒米的时候，火不要大，火大了易焦，耐心地慢慢炒。

炒米的时候，放点花椒放点桂皮放点茴香放点丁香放点草果，反正你家有啥就放点啥，其实最方便的是倒一点五香粉下去，五香粉在老外店都有卖，叫做 five spicy powder。

炒完之后，待其冷却，注意啊，很烫的，千万别用手去抓，你最好一大早炒好了到下午再去处理。记住啊，火一定要小，火大了会发苦，五香粉更容易发苦，你可以等米冷掉再放五香粉。

待米冷却，用食物处理器把米打碎，不要用高功率快速地打，只要把一粒米打成两三瓣就可以了，大约与芝麻相仿的大小。如果你没有料理机，将米放在砧板上，用擀面杖就可以了，没有擀面杖用啤酒瓶也可以，碾、砸、压，都可以，只要把米弄成碎米就行。

用多少粉取多少，其余的可以放起来，随用随取。拿出来用的粉，放盐拌匀，盐会吸潮，所以最好不要事先拌好。

将排骨（肋排）或五花肉切块，我喜欢挑肥一点的买，油会被米粉吸收，更好吃。找一个碗放入拌好调好味的米粉，把排骨或五花肉一块块地放进米粉碗中，用力压实，以便米粉沾裹到肉上。肉可以事先用酱油和料酒腌过，那样的话米粉中的盐就要适量减少。

肉要一块块地放到碗里去裹粉，那样才能紧实，不至于掉粉。掉粉是件很严重的事，那表示你已经没有人气了。

另外准备一个盆子或碗，底下可以垫上土豆山芋南瓜什么的，切片切条切块都可以，无非是肉不够把场面撑起来的意思。荤的不够用素的撑，这是我最不屑干的事了，我总是买上好多肉，要做就做一大碗，过瘾。

然后是蒸，隔水蒸，锅中放水，用个架子把碗或盆架起来，水沸后改到中火，蒸它一个半小时，其间要注意水位，当中加个两次水，烧干了就不好玩了。

蒸好的粉蒸肉别提有多香了，喜欢吃麻辣的在打米粉的时候放入花椒和辣椒粉，喜欢甜味的甚至可以放点糖，粉蒸肉是个可以任意发挥的东西，你可以根据你的爱好来调整口味，喜欢辣的朋友还可以加上郫县豆瓣，那就更香了。

粉蒸肉是我见过最难摆盘的东西了，蒸好之后，就是一团糊糊，而且我还喜欢吃湿一点的粉蒸肉，所以就更糊嗒嗒了。我见过有人把粉蒸肉夹出来放在一张大的荷叶上，挺漂亮的，在洛杉矶可以用香蕉叶。话说要是有荷叶的话，新鲜的，我一定先做个糯米鸡吃吃。

烤酿彩椒

不知道为什么，我很喜欢买辣椒，不辣的那种灯笼椒，上海叫做“甜椒”，有的地方叫菜椒，也就是广东话版《蜡笔小新》调戏邻车姑娘时说的“你钟唔钟意食青椒呃啦？”的“青椒”。

最早的时候，上海的甜椒只有绿的，后来有了红的，最近几年又有了黄色的橙色的，有许多人说那是转基因的。

各位朋友多半在朋友圈或者这个那个群中看到过什么《央视终于承认了，转基因食物可以致癌》《美国正式宣布转基因有毒！实验证明会诱发肿瘤》之类的文章吧？你可能也看过崔永元的纪录片吧？崔永元自费到美国拍了个片子，证明美国人都不吃转基因。如果你只看过这两篇文章一个纪录片且没有任何常识的话，你自然就认同转基因有问题了，你也不会去吃黄色橙色的“青椒”了。

说到常识，我们应该有一个基本的常识，就是食物的基因不会对我们造成变化，人类吃了几千年的猪了，也没听说谁就变猪了吧？这年头，试管婴儿借腹生子都不会改变受精卵的基因，你连吃点转基因就怕自己的基因被改变了？

还有个常识，就是食物与药物的区别，对于药物来说，没有被证实无害前就是有害的，而食物恰恰相反，在没有被证实有害前那就是无害的，我们吃的米饭、水乃至动物内脏与腌菜腌肉都符合这个标准。

第三个常识，抛开剂量谈有害或无害，就是耍流氓。一顿吃三十斤白米饭，也是有害的；一滴地沟油兑在一游泳池的水里，那就无害了。别和我抬杠，你胖吃得下三十斤米饭？那三百斤试试！胖，本来就有害了。

只要是个有心人，花上几个小时，都能在网上找出国际上对转基因研究的科学界共识，都能找到转基因到底有没有毒、对人体有没有害的答案，然而有多少人愿意花几个小时去研究呢？甚至不用几个小时，你到知乎到果壳，可以在不到十分钟里得到相对系统的论证文章，告诉你真相到底是什么。

大多数人相信转基因有毒有害而自己不去做些调查，其实他们就是“愿意”相信转基因有害，以此来证明自己的一生是多么的惨淡，这是由长期的不安全感造成的。然而，崔永元作为一个媒体人，而且是大牌媒体人，他有资源可以在几个小时内请教全国乃至全世界最权威的农业和科学专家，他没有去，他只是“愿意”告诉大家转基因有害，这已经不是科学问题，可能是道德问题了。

今天早上又在朋友圈看到一篇，标题是《阿根廷欲哭无泪，全球第一个毁于转基因的国家》，点进去一看，说是为了种转基因农药用得太多，化学品影响到人的健康了。再仔细看，那是因为阿根廷没有化学品使用的法律法规，大量超标使用……美国是全世界最大的转基因种植国，美国人怎么没事的？日本是全世界最大的转基因玉米进口国，日本人也没吃出事来。

说回辣椒来，辣椒的确有转基因的，但是甜椒的颜色不是转出来的，而是天然的，美国甚至还有紫的和白的甜椒，真是好玩。我很喜欢买甜椒，因为它们长得实在好看，然而除了炒杏鲍菇、切条与肉肠一起做西式起司杂炖外，好像我就想不出别的来做了。炒大肠、炒荷包蛋、炒虎皮椒、炒牛柳的都是别的辣椒，灯笼椒实在是想不出怎么吃啊！

但我也不能老是把彩色灯笼椒当摆件买吧？那玩意摆在家中的确挺好看的，可那到底不是插花而是蔬菜，总得想个办法把它们吃掉，不是吗？

那天我是路过“缺德舅”(Trader Joe’s)，正好没想出来晚上吃什么，于是想去找找灵感。大多数人是去咖啡店找灵感，我是去菜场。

先看到罗马生菜，那就再买瓶水浸凤尾鱼，我的凯撒色拉做得很好的，正好家中还有吃剩的面包，有了一个菜了。

看到了牛肉糜，那就做个牛肉卷饼吧。偷个懒，不自己做饼了，买包面粉做的tortilla吧，一样的。想想牛肉糜太“实别别”了，那就再买点蘑菇吧，切成丁放在一起，好像不错。对了，又看到洋葱了，紫洋葱，也有人叫红洋葱，反正就是辣辣的洋葱，与黄洋葱不一样，也买一个吧，放在一起应该不错。

牛肉糜我买的是百分之二十肥肉的，最便宜的。美国这里很有趣，牛肉糜脂肪含量越高越便宜，含百分之五肥肉的牛肉糜是百分之二十的两倍到三倍价格。而牛排呢，则是脂肪含量越高越贵，神户牛肉在COSTCO都要卖到两千美元一磅。

好玩吧？吃牛肉糜就讲究健康了，吃牛排时就不讲了。其实照他们的说法，牛肉是红肉，本身就是不健康的，所谓的低脂牛肉糜，就像是低尼古丁香烟一样，我认为根本就是骗骗自己的。

回到家，做菜。发现一个问题，丢三落四的我，没有买tortilla，这是在我拌好了牛肉糜之后。我用了半个洋葱，切成小粒。切洋葱时嘴里含一口烫烫的热水，可以不辣眼鼻，是我一个好朋友告诉我的，实测有效。切洋葱粒是先横着进刀，等宽由下至上片成薄片，最后不切断；然后是把刀竖起来，刀面与自己平行，由前到后竖着切；最后让刀与自己垂直，再由右往左切，这样三个维度都下过刀了，自然就切成粒了，切到大约像绿豆那样就可以了。紫洋葱很辣，如果切到当中鼻子难受，把水吐了，跳到一边，再含一口即可。

蘑菇洗净去根也切成粒，什么？不会？那请看以前的《下厨记》系列，里面说到过的，《下厨记》写到第七本已经不怎么说基本的烹调手法了，所以大家新的老的都要看。

然后呢我起了个油锅，一点点，把洋葱放进去，炒到微焦，要炒挺久的，洋葱先是出水，再是变软，然后变黄，等到有一点点焦的时候把蘑菇粒也倒进去，一起炒，撒一点点盐，蘑菇出点水没关系，不用炒得很干。

等炒好的料变冷，把牛肉糜放入锅中，拌匀，锅中本来有点水，拌匀就没了，撒上现磨的黑胡椒，也拌匀。这里的牛肉糜"磨"得很细，要拌一会儿才能拌得匀，而且这么细的话，还真得放点洋葱蘑菇之类的才能让肉松一点。

然后呢，找个平底锅，倒一点点油，放上 tortilla。咦？我的 tortilla 呢？到楼下车库中，车上也没有，收银条在后备箱，一看，压根就没买。

好吧好吧，自己做面饼吧，那也不难。正当我准备拿面粉时，看到桌上果盘中的三个彩椒，红的黄的和绿的，各一个。我知道我为什么老是忘了吃彩椒了，因为我把它们放在果盘里，做菜的时候谁会想到水果去？等到吃水果的时候，谁又会把菜椒当水果？

现在"弄僵"的我，发现新大陆了。把三个菜椒洗净，对半剖开，是左右剖，不是上下对半哦！然后把辣椒籽挖去，把甜椒里的筋也扯去，再将拌好的牛肉糜盛到菜椒中，表面与菜椒盏齐平。

我预热了烤箱，450 华氏度，光预热就要十分钟左右，那也没办法，烤箱大嘛。待预热好，把菜椒放入，有肉的那面朝上，本来就是个"碗"，总不见得碗底朝上。烤三十分钟，成品很好吃，多汁且松嫩……

我突然想到，这不就是“酿”么？酿，是种客家的烹调方法，就是把荤的肉酱塞到蔬素的“容器”中，与英文的“stuff”差不多。酿，是个动词，就是“塞”的意思，上海话也有“酿”，不过是名词，指的就是塞入的馅料；stuff 则既可以是动词也可以是名词。

好吧，我可能吃了三个转基因甜椒做的菜，不对，是一个，红的绿的是几十年前就有的，那就是吃了一个。完了，我吃了转基因了，我要变成辣椒了……

芦笋炒猪肝

芦笋，好像是个洋货，至少在我小时候，上海是没有的。说实在的，我小时候的上海，什么都没有，有也要凭票买。那时，压根没见过甚至也没听说过芦笋。

等见到芦笋，至少也要到大学了，可能更以后，不太记得了。不知道为什么，我一直觉得芦笋和培根很搭。用培根包了芦笋烤，大芦笋一片培根包一根，小的一片包三四根，或把培根切成小块煎出油来再炒芦笋，都很好吃。有时也不配培根，牛排锅中直接炙培根，干干净净，味道也不错。想要香一点，黄油煎，煎完了撒点盐和黑胡椒，同样美味。

但是这些，都是归为西式一路的做法，作为一个承前启后的过气网红美食家，我得有些变化才行。

上海的芦笋挺贵的，美国的也不便宜，品质好一点的五六美元一磅是很正常的事。经常有人说美国东西便宜，说哪怕直接比价格而不是比相对价格美国的东西都要比中国便宜，我只能说那是瞎说。

美国的有线电视加上宽带，一个月是一百多美元，听上去有两百多个电视频道，但是不包括 Showtime、HBO、Cinemax 等当红频道。要看这些频道？好，一个加十五美元，“一道去”加三十美元，再加税这个费那个费的，一月下来，光这一笔就是一百五六十美元。要是想看中文台，再加钱，我在国内就不看中文电视台，所以这笔钱倒是省了。

电话费也不便宜，五十美元起步费，含 2G 流量的高速网络，再加十五美元的国际畅打，同样加上税和这个费那个费，就是八十美元了，你想想，真的在“绝对值”上都比国内便宜吗？美国手机的好处是高速流量是LTE的，另一个好处是流量用完后不会被停掉网络，而是降速到4G网络，或者3G，那要比在国内好多了。多付了这么多钱，好这一点点也是正常的吧？

所谓美国的东西便宜，不过是Levis、Cocah、Nike乃至iPhone等等大宗品牌卖得比国内便宜罢了，这些东西比国内便宜有什么好稀奇的？这些在美国是本土产品，到了中国就是进口货了。美国的二锅头还卖十几美元一瓶呢，在北京也就是十来块人民币的事。

不说相对值，只说绝对值的话，美国的东西一点都不便宜。衣服你不是每天买的，蔬菜肉食海鲜是每天都要开销的，猪肉四五美元到六七美元一磅不等，牛肉则六七美元到十几美元一磅，价格都要远远超过国内。我不知道那些拍了照片说美国东西便宜的，要么是有意为之，要么就是他们去的超市都是卖“落脚货”的。好一点的超市，一盒十二个鸡蛋四美元到六美元，而“九角九超市”只要九角九一盒，问题是如果你的生活要是围着九角九超市过的，还要说美国比中国便宜的，不是傻了就是坏了。

美国汽车是便宜，但人家保险费高呀，而且还有个“免赔额度”，每次出险，低于一定额度的话，只能自己掏腰包。房子也便宜，但房子要这个费那个费，算下来又是笔支出。

以上说的都是“绝对值”，不要拿“与收入的相对值”来和我吵哦！

好了，说回“不便宜”的芦笋。美国东西贵，但也胜在东西好。好的超市有自动喷淋系统，所有的蔬菜都干净新鲜，品质也稳定，你只要选品种，不必拣好坏。买芦笋，只是挑大小和颜色就可以，大的芦笋有小指粗细，细的不过刀豆般的样子。至于颜色，绿色最常见，白色和紫色就比较少见了，后面两种我们以后会说到的，这回就选用粗的绿芦笋来做。

我想出了一道芦笋炒猪肝的“乱搭菜”来。对的，在我的字典里，就是乱搭，当然，在某些美食家的嘴里，可能是“融合菜”“创意菜”“海派菜”。

猪肝，老外的超市里是没有的，得去中国超市，越南超市也行，现在洛杉矶的越南超市都说中文了，我不知道店里是不是还有人说越南话。

美国的猪肝明显比上海的大，一块猪肝要抵上海的两块，可想而知猪也要大上许多。美国就没不大的东西，车也大，人也大，各种蔬果都要比上海大上一号。美国猪肝还老，不太适合直接快炒，我们得想点办法。

把猪肝切片，刀要磨得极快。不要以为硬的东西难切，硬的才容易切薄，那也就是为什么厨房练刀工从冬瓜片、从洋山芋丝开始，而后再到豆腐干、豆腐，而猪腰、猪肝之类，都是极软却极需刀工的东西。

把猪肝片成片，厚薄比一元硬币再薄一点最好，反正不能片破了，如果直片出来的成品太小，就要斜着片，难度更高一点，要多练习。

大华超市的猪肝，一块可以吃两次，第一次切了片烧番茄汤，第二次才炒了芦笋。

切好的猪肝，要浆一下，放点水，放点盐，再放点淀粉，揉捏后静置片刻，然后洗去血水，用清水漂着。

与清炒猪肝不一样，清炒的话要留着血水，厚切，大火快炒，最好还留有一点点血水，一咬还会渗出一点点的那种做法。但是由于瘦肉精之类这个那个问题，现在不敢这么吃了，还是用现在的办法，烧透了吃吧。

芦笋洗净，切段，小指长短。锅中放油，油不必多，火倒不要小，放入芦笋快速煸炒，待芦笋变软，大约两三分钟的时间，盛起备用。

锅中加点油，下猪肝快速翻炒，猪肝要事先滗去水。调味我是用酱的，甜面酱，美国也有卖，要是没有或者不想麻烦的话，生抽老抽加糖也行，就是个红烧味。收得干干的，把芦笋放入炒勺，撒上少许胡椒粉，即可上桌。芦笋不宜多炒，沾上酱却又没染上色是最佳的火候。

一个老外的食材加上一个老外不吃的食材，成品的效果倒是相当不错，有兴趣的朋友可以试试。

昙花排骨汤

2017年10月20日，举国同庆，我说的是中国，虽然远隔万里，我们家的花也应声而开，平添喜庆。我原本没打算它会在这几天开的，甚至我都没打算能把它种活，在我的心目中，那可是不得了的难得一见的奇花。

那还得从我小时候说起，那时没有卡拉OK，没有游戏房，没有碰碰车，什么都没有。那么像我这种十来岁的孩子想玩怎么办呢？瞎玩，打弹子、抽刮片、翻香烟牌子，乃至拗手劲、斗鸡，有很多，但由于家教“森严”，我都没玩过。家中祖母说那是“野小鬼白相呃”，她就把我关在房里，压根不准到弄堂里去。

那我只剩下一件事可以玩了，就是游园会了。游园会曾经写过，就不再赘述了，你可以理解为是由“组织”组织的庙会，没吃的没喝的，有些玩的，自己找乐子。

逢年过节，公园里、广场上会有游园会，各个少年宫、工人文化宫、工人俱乐部等也都会开放，前提是你得有票子。

我记得十分清楚，那次是个国庆节，大人给我弄到了静安区工人俱乐部的票，就在胶州路上，于是就去玩，要知道那里可是有“video game”的。那个电子游戏，是一个黑白的电视机，屏幕的左右各有一条可以操控的黑杠，上下可以移动；屏幕当中呢，还有一个黑球，会移动，当它碰到屏幕上下边界或左右的黑杠时，就会反弹，而当它进入左右边界没有黑杠挡住的话，它就消失了，从哪边消失对面一边就得一分，这个游戏的名字叫“足球”。

这个游戏是两个人对玩的,“手柄”是个长方形的盒子,上面有个旋钮,逆时针转的话黑杠就往上走,反之亦然。

这种现在小学生都编得出的玩意,当时可是高科技,为了玩那个东西,挤得人山人海,还经常有人为此打架,有为排队先后打架的,也有为了胜负打架的。为了防止队伍排得太长,组织方给每个人发一些点券,凭点券可以玩各种各样的东西,无非就是套圈、投篮之类的游戏,而“足球”这种电子游戏是需要很多点券才能玩的。

那天已经很晚了,八点多了吧,那时八点多就已经很晚啦,天全黑了,只听到广播响了起来。一般来说,这个时间有广播,多半是赶人的节奏了。只听得广播中说:“在这举国欢庆的日子里,告诉大家一个喜讯,我们的昙花开了,请大家到院中欣赏。”

我就去看了,昙花真的是很美,雪白的花朵,当中的花瓣大且密,后面衬着小的花瓣,错落有致,有一种整齐的美。

那是我第一次看到昙花,打那之后,三十多年中,我再也没有见过昙花。

到了美国之后,有次去朋友家玩,看到一种很奇怪的植物,它的叶子上还会再长出叶子来,边上又是一根单独的完全不再长叶子的叶子,我就问主人那是什么,结果主人告诉我那是“昙花”,后果是那棵昙花到了我家的花园。

我压根没想到会养活那盆花,你想呀,那可是个开次花要广播的花啊,我何德何能指望它会在我家开花呢?

不成想,它在我家长势喜人,枝苗越长越大,后来居然结了花蕾,再后来花蕾也越长越大,再再后来,花蕾开始慢慢往上翘,我就将它搬到了房中。

当晚它就开了。

次晚就被我吃了。

是的，昙花是可以吃的，它与广东人经常吃的“霸王花”是近亲，但是昙花清香，而霸王花有恶臭，昙花只开一晚，霸王花却能连开几个晚上，高下雅俗立分。

我是这么吃的，先把猪排骨出一潽水，冷水浸没排骨，待水开后再烧一二分钟，然后取出洗净，我选用的是猪颈骨。把锅洗净，重新放水，放入猪骨，然后把昙花从花秆上剪下，对的，下面粗粗的花秆，剪下后，会有黏液渗出。

把昙花撕开，把花心去掉，昙花的花心中有一根长的，还有很多细细小小的，都要去掉，据说如果不去掉的话，汤色会发黑。哎，每当我想到“花心”二字，就会想起《北西厢》中的《佳期》一折，对的，【胜葫芦】，弄不好了。

把当中白色的花瓣扯下，然后把花秆和淡粉红的花萼一起放到锅中，点火煮汤。火不宜大，大则汤浑，这么雅致的一道汤，煮浑了可大煞风景。如果不能保证火头，不妨将排骨放在炖盅中，卧在水浴中来炖。

直接煮的话，半个小时左右，用汤盅炖的话，一个小时，然后用筷子把花秆和花萼搛出来。把火调大，放盐，撒入昙花花瓣，立刻关火。

这就是昙花排骨汤，有一种特别的清香，汤体也比普通的排骨汤来得顺滑，不知道是不是昙花黏液带来的错觉。

据说昙花冻也很好吃，且更清雅；据说还可以炒蛋，甚至晒干了泡茶喝都行。可惜我这回只开了两朵，希冀下一回举国同庆的日子，昙花又能恰逢盛事，到那时，我们再来吃别的吃法。

洋葱牛尾汤

我不喜欢在美食方面讨论“正宗”，这样会引起不必要的矛盾。正宗的生煎到底有没有“汤”（露）？顶朝上还是朝下？宫保鸡丁用鸡胸还是鸡腿？红烧肉带皮还是不带皮？都是些没有什么意义的争吵。

我写过好几篇“好吃不正宗”的菜话，特别是非江浙一带的菜肴甚至是泰国菜、越南菜，我吃过了觉得好吃，回家后复刻了出来，感到味道挺不错，就归到“好吃不正宗”那一类去。

吃的方面，除了最最基本的那些东西，并没有什么“正宗”可言。一道红烧菜绝不能冠之以“正宗清蒸”，分子料理也不能叫“正宗古法”。对的，这只是一些“不能以‘正宗’来命名”的指导原则，然而什么是“正宗”，我却没法给出答案来。

我们很多人搞不清“过去”和“正宗”的区别。“正宗的上海萝卜丝饼上头要有只虾”，“过去的天津煎饼果子，蛋就是在外面的”，要知道萝卜丝饼不是第一天就有虾的，煎饼果子也不是第一天就有蛋的，正宗是个“伪命题”。萝卜丝饼用了玉米面，过桥米线用了西班牙火腿，我们只能说那些东西“不正宗”，却永远也没法定义出一个“正宗”来。有人说煎饼果子用柴烧的要比用煤烧的好吃，用煤的还要比用煤气的好吃，用煤气的说至少比用电的好吃，结果跑出个人来说要用炭才是正宗，没法吵清楚的。

我们同样也搞不清“正宗”与“好吃”的区别，好像“正宗”了就一定会好吃似的，我不就照着袁枚《随园食单》复制过几道“正宗”的菜吗？几乎无一好吃。好吧，我也搞混了“正宗”与“过去”的区别。

“过去”的不见得就好吃，“正宗”的也不见得就好吃。上海的粢饭团，向来以糯米包油条加勺白砂糖而正宗，但南阳路粢饭团另辟蹊径，用糯米加大米甚至血糯米做外层，包上酱蛋、虎皮蛋、肉松、肉酱、老油条，深受各方人士喜欢，你能说它正宗吗？虽然南阳路粢饭团每下愈况，但至少人家有过这么一个成功案例，一个很好的“好吃不正宗”的案例。

大多数的美食，在其发生发展的过程中，都是一个一个的“好吃不正宗”推动的，我只认好吃，不认正宗。

这不，我又做了道好吃不正宗的菜，洋葱牛尾汤。

说到洋葱汤，大家都会想到“法式洋葱汤”，你在国内的西餐馆吃饭，要点洋葱汤的话，十有八九也都是“法式洋葱汤”。

国内对于法式洋葱汤的做法，争论已久，要用什么样的面包，要用什么样的起司，各执一词。

法餐泰斗Julia Child在她的*Julia's Kitchen Wisdom*中只有一小段谈到了洋葱汤，甚至在这个菜谱中都没有提到干面包片；在*Mastering the Art of French Cooking*中算是详细一点，但用的起司也就是一句笼统的瑞士起司或帕玛森起司。

我做了一道完全不照法式洋葱汤的洋葱汤，相当好吃，拿出来告诉大家。

我很喜欢吃牛尾，通常就是两种做法：一种是像上海罗宋汤那样的浓汤，只是把牛肉换成了牛尾；还有一种是加芹菜粒的清汤，是把肥腻食材做成清淡口味的一个代表。

除此之外，我就没有第三种做牛尾的办法了。COSTCO的牛尾是两包一卖，再用同样的方法去烧，一定会让人吃厌的，我“硬”是“发明”了这道。开玩笑啦，有很多人做过的，但我的这道，最简单。

取一条牛尾，去皮切好的那种，洗净后沥干水分。在一个大锅中放入一大勺黄油，然后用中小火煎牛尾，就是把牛尾放进去，慢慢炙烤。

把洋葱切片，横着切，就是切洋葱圈的切法啦，两个洋葱差不多。切成一大片一大片的，也就是一圈圈套着的样子，不要弄散，就要这样一圈圈的。再来个锅，化点黄油，把洋葱厚片平放进锅中，用中火偏大一点的火力来煎。洋葱比牛尾的水分要多，所以火大一些。

让洋葱圈保持整齐地套着，这样效率最高。两只锅同时进行，慢慢地煎。牛尾每一面都要煎到，牛尾大小不一，大块的还没全煎到，小块的可能就已经煎干了，要注意把煎透了的小的先取出来。

洋葱要翻面，不要急着翻，待表面看上去收缩了再翻，翻的时候整块一起翻，占地最少。两只洋葱是不可能一下子煎完的，待两面都煎到焦黄了，就拨到一边去，堆起来也没关系，那时已经很软了，都堆在一起，不时翻动一下，当中大部分的区域依然可以用来煎剩下的洋葱。说是“焦黄”，其实只有边缘一点点发黑，最好的是全部金黄而不焦，要注意调整火候。

全部的工作要半小时到三刻钟，所有煎东西的活都急不得，牛尾要煎到没有血水沿着骨头边上渗出来，洋葱要煎到一整堆都是金黄的。

一定要用黄油煎，不要用橄榄油、菜油、豆油等任何素油来煎，那样的话成品会有厚厚的一层素油，吃起来会很腻。

然后，把洋葱和牛尾放在一起，加水盖过表面，用中火烧煮，盖子最好密封一点，我是用个大铸铁锅烧的，大约一个半到两个小时左右，只要肉能从大块的牛尾上剔下来就行了。

煎牛尾和洋葱，炖牛尾和洋葱，都会香到让人不能自已，所以你最好吃过了午饭再弄，否则把自己饿晕了我可不负任何责任。

要不要料酒？不要！葱姜蒜呢？上海人做汤从来不放葱姜蒜的！那么要不要西式香草呢？也不用，原汁原味是最好吃的。

起司也不要，面酱也不必炒，就两样东西，洋葱和牛尾，烧到牛尾酥，洋葱已经几乎全都化到汤里了，汤也因此够稠厚了。不必放起司，牛尾自带浓郁的奶香，绝对够了。

只要加盐和黑胡椒粉就行了，前者是为了让人可以感觉到鲜甜，后者是让汤“醒”一下。我一般是把东西先盛在汤杯中，然后再撒盐和黑胡椒粉，接着上桌即可。

非常不正宗的洋葱汤，简单粗暴，但是相当好吃，我建议你试试，没准会成为你们家的保留菜式哦。

回到前面，我突然想到，红烧肉还是要带皮的，不带皮的叫“不带皮红烧肉”，不能单叫“红烧肉”，就像“素红烧肉”一样，前面要有个定语，表示这根本就不是“红烧肉”。

正宗不正宗，要不要正宗，怎么才算是正宗，还依然会长期困扰大家，我猜的。

我只要好吃就行了。

肉骨茶

我是上海很早吃到肉骨茶的人，甚至是最早“在本地”吃到肉骨茶的人，这里的“本地”指的是上海，不是马来西亚。我在《叻沙》一文中写到过，我在上海编了个点菜程序，那家店是卖东南亚美食的，开张试营业时，我吃了碗叻沙，还喝了碗肉骨茶，那家店可能是改革开放后第一家在上海做东南亚菜的。

肉骨茶，一喝就爱上了，可能与我从小体质孱弱有关，我是喝中药长大的，对于肉骨茶的味道，接受度超高，我甚至喜欢站在中药店闻那个味道，同时看着他们从百眼橱里抓药，又好闻又好玩。

当年，我在喝了那碗肉骨茶后回去复制过，那是个没有互联网的时代，仅凭在店中喝到碗有整只大蒜头的小排汤，回到家中被我用茴香、桂皮、香叶、丁香、花椒外加整只大蒜倒腾出一碗黑黑的肉骨汤，且大家都说好喝的时候，那种成就感是无法言表的，虽然那碗汤的颜色还是我用酱油兑出来的。

那碗汤，我做过很多次，一直自我感觉都不错，直到我去了马来西亚。

我去了吉隆坡的唐人街，有个破破的肉骨茶摊，买了一碗，我就知道我的那碗要是拿到马来西亚来，会被人笑痛肚子的。

后来有段时间往来于马来西亚与新加坡，才知道这玩意还真是药房的干活，各大中药房都有包好的肉骨茶药包卖，而肉汤的颜色，完全不是酱油，而是药汤本来的颜色。

好喝，但你完全尝不出来用了哪些中药与香料，我相信哪怕李时珍活过来，也不可能从一碗汤喝出用了哪几味药来的。从资料上看，一份肉骨茶用到的中药与香料有白芷、黄芪、川穹、当归、玉竹、白古月、龙眼干、大枣、枸杞、橙皮、甘草、丁香、孜然粒、茴香、桂皮、芫荽子、党参、淮山药、甘草、陈皮、小茴香、白胡椒粒、花椒粒、香叶；还有样关键的是熟地，肉骨茶的深褐色就是从熟地来的。

马来西亚人、新加坡人做肉骨茶，都是去药房买个肉骨茶药包来，反正那些中药店不止卖中药，香料也卖的。或者香料本身就是中药？我们家的白胡椒一向是去中药店买的，比小菜场现磨的香上不少。

大多数药店，会将熟地分开放，那样的话，喜欢吃淡色的人就可以不放熟地，做出淡褐色的肉骨茶来。后来，各大药店把配方卖给食品商，以至于有了如今的很多商业化药包，行销世界各地。

在料包中，最著名的是“许氏企业”的A1包，还有“松发”的也很有名，如果你去到马来西亚的巴生，市场上有各种各样的无品牌肉骨茶包卖，很方便，都很好吃。

我是在亚洲超市买的台湾小磨坊的料包，小磨坊的生意在洛杉矶做得很大，各种调料香料可以在超市中找到。这不是个广告帖，阁主从来不写广告的，小磨坊的料包中药味轻，对于大多数不习惯整天喝凉茶的人更适合。

然后就很简单了，买一点肋排，切成一条条的，我是把肋排当中也剁开了，变成了一小截一小截的。再发一点香菇，我用的是金钱菇，那种小小的，发好之后也就一美元硬币的大小。

越来越简单，先把肋排出一潽水，放在冷水里煮，水开后再煮个十来分钟，然后把肋排重新洗干净，把锅也洗干净。

小磨坊的料包，是十足的懒人料包，连冰糖都有了，只需要再加五个大蒜头就可以了。把料包装进纱布袋中，与排骨一起放进锅中，然后开火烧煮。先大火烧沸，再用中火炖煮，半小时后把香菇放入，再过三刻钟，就可以吃啦！

吃汤，不对，吃茶，不对，喝茶，喝肉骨茶的时候，趁热，放一点点盐，烧好的肉骨茶中是没有盐的，有人喜欢喝没有盐的肉骨茶，要想吃咸的，就自己放吧。

今天，就聊到这里吧，下回做什么呢？让我好好想一想。

水里游的

Menu

福州插蛏

三文鱼皮天妇罗

甜豆拌北极贝

清蒸甲鱼

象拔蚌二吃

烤越南腌鲫鱼

豆豉鲮鱼炒生菜

鱼肚蛋丝羹

福州插蛏

我好像去过中国所有的省，只是东三省给我的记忆很模糊，我已经记不得是去过长春还是哈尔滨了。当然我记得去过大连，在那里的海鲜一条街教了排档老板怎么活杀螃蟹，还打算现杀现炒一道葱姜大蟹请不认识的上海人一家吃，因为他点的活蟹被老板烫死了再做，于是吵了起来。

结果是那家上海人像见到江湖骗子般地逃走了，错过了我亲手炒的好几道菜。那个排档老板后来成了当地海鲜一条街唯一会活杀螃蟹的人，做了很多上海人的生意，我幻想的。

对了，沈阳，我怎么会忘了沈阳呢？我曾经泡在铁西的文化宫看二人转，那时的文化宫看二人转还能抽烟吃瓜子，现在不行了吧。由于不懂规矩，还闹了点笑话，因为买了头排的座位，女演员还以为来了金主，结果我连要发小费的行规都不知道，差点被人以为是黑社会大哥来看霸王戏的。

要问我最喜欢中国的哪个城市，我想一个是不止的，成都、苏州、昆明、厦门吧。成都是我第一次坐飞机的目的地，从拉萨飞的，当时我还完全吃不了辣，在“快乐老家”吃了顿火锅拉了好几天。我还曾在成都牙疼得死去活来，结果看了一家只说英文的诊所才解决。后来成都变成我经常会想念的地方，想了就飞过去吃顿苍蝇馆子，就吃那么几家，明婷的荷叶蒸肉，梓潼桥王梅串串香，青石桥的冒节子和冷串串。春熙路后面的热串串不能吃，说是一毛两毛一串，但是一片青菜能给你插上七八根签子，会吃破产的。

苏州，就像是我的第二故乡，甚至在感情上我认为苏州是第一故乡，上海才是第二故乡。很多年前，我开车去苏州，同行的说你怎么路这么熟啊？我的祖母是苏州人，我从小就是听着苏州话说着苏州话长大的，后来祖母老了，我带祖母去苏州的品芳书场，带着保姆推轮椅，玩得很开心。

昆明，第三故乡？不知道为什么，和昆明很有感情。曾经在昆明站着吃过桥米线，也曾经与兄弟同时出差住在对街的两个宾馆，还吃到过放辣椒的烤生蚝，吃得我很纳闷。不过除了那生蚝外，尽是好吃的，乳扇、云腿，更不要说那些叫得出叫不出的菌子了，哎呀，不说了，馋死了。

还有厦门，第零故乡？没这种说法。不过我对厦门真是有感情的，有家叫吴再添的，店名写的是“佳味再添”，那是家厦门当地人不怎去的店，每个城市都有几家很有名气的但当地人不去的本地老店老地标，就像上海人不去城隍庙，也不吃绿波廊，佳味再添就是这么一家。

连着十几年，我每年至少去个几次，每次都会去佳味再添，其实去了几十次后，我也理解了本地人不去的原因，但我还是会去，已经成为一个习惯了；我想不去佳味再添的厦门人，也只是因为一个习惯。

我也养成了一个习惯，每次到佳味再添都拍一张价目表，拍了十几年之后，放在一块，居然成了物价的影像史，我还曾经按照这些价目表做了个电子表格，一下子就看出涨价的百分比来。

我对厦门实在太有感情了。十多年前路过曾厝垵，看到有个露天的戏台，唱闽戏，只听得懂一句，就是“圣妈祖千秋”，原来那是种敬神活动，送戏给妈祖，每年夏天一连数月，村民们天天来看，热闹非凡。

当时就许了个愿，要是梦想成真，我也献台戏，结果在前年的秋天，我也在那儿请了台戏送妈祖，虽然当时愿望尚未成真，我是个急性子。说来也巧，几个月前托厦门的朋友定戏，结果定下的日子正好是我的生日，有缘。后来果然心想事成，妈祖灵验。

厦门的食物实在太好吃了，土笋冻、白灼章鱼、炸五香、煎蟹，对了，还有我最喜欢的插蛏。

插蛏严格来说，不是厦门的，而是福州的。福州话有用“插蛏”来形容人群拥挤的，比如游泳池中人挤人，就叫插蛏。你可能想到了，插蛏是竖地插在一起的。

插蛏要用老蛏来做，老蛏才有嚼劲，与炒的不一样，炒的要嫩。上海福记的朱姐听说我喜欢吃插蛏，特地从福州弄了老蛏来做给我吃，不过老蛏不易得，一年也就弄个一两次给我吃，谢谢朱姐了。

我们也来做一次插蛏吧，其实很容易。

在福州在厦门，插蛏的容器是炖盅，我在美国用的是汤杯，康宁有种宽而大的汤杯，用来做插蛏正好，与炖盅相比，多了个柄，但也挺好玩的，不是吗？

蛏子要挑新鲜的，不要那种全是泥的，泥是摊主涂上去增重用的，造成的后果是蛏子本来的泥沙吐不干净。

要挑壳是金黄色的，个头相仿的买上大半斤，大半斤就够插个一盅了。别的不用我再说了吧？蛏子不是第一次在《下厨记》出现了，要挑饱满新鲜的，如果生的看着就不想吃，我保证等熟了你更不想吃。

然后就很容易了，切姜丝，不要偷懒哦，要先去皮再切片再切丝，如果要更考究些就先修成一块长方体再切片切丝，那样的话，每一根姜丝都是一样长短的。

准备一个炖盅，对我来说就是汤杯啦。把蛏子有“脚”的那端朝下，塞到汤杯中，“脚”因为细小，所以要朝下，否则蒸汽的温度很高，会炙枯掉。起先的时候，蛏小杯大，放进去的蛏子会倒下，那就干脆把汤杯横过来，平着一个个放入，等放得差不多了，再竖起来。

等把蛏子都插满，总会插到有一只怎么也插不下去的，在缝隙中插入姜丝，每个蛏子之间都有缝，可以插入很多姜丝。

在杯中倒入福州米酒，大半杯的样子。插蛏有两种做法，一种放米酒一种不放，反正高温之后，酒精都被蒸发了，米酒本来酒精也没多少。我喜欢用酒的，让味道丰富起来。

就三样东西，蛏子、米酒和姜。我不喜欢放盐，大多数贝壳都可以不加盐，海中的东西本来身体中就有盐分，不加盐更能体现出鲜甜的味道。

隔水蒸，水开后蒸一刻钟即可，东西少，一刻钟足够了。这是个小品下酒菜，不用很多，我的汤杯其实比炖盅大，所以已经挺多了。

千万不要撒葱花，好好的一道体现姜香的菜，一放葱味就“突味”了，“突”是“冲突”的意思，上海话。信养生的人，说蛏子很“寒”，而姜是祛寒佳品，所以有了这样的搭配，为了吃姜，可以吃蛏子，这也是我支持养生学说的理由。

我想知道有什么东西可以让我吃龙虾，什么可以让我吃牛排，你知道的话，一定要告诉我哟。

三文鱼皮天妇罗

不知道大家还记得不？我曾经写过一篇《清蒸鲥鱼》，文中指出长江鲥鱼早已没有了，只要是出钱吃的，就一定是假的。大家可能还有点印象吧？

要是有人"请"你吃了一条两斤重的"鄱阳湖"鲥鱼，那多半不是假的了吧？这条鲥鱼既不符合"长江"这个特定的区域，也不符合"出钱吃"，那当然不是假的了！对不对？

不对！首先我来说说"出钱吃的"这回事，是的，你是没出钱，可请你吃的人出了钱呀，你还远没面子大到把"奇迹"给免费吃到的地步。我们再来说说"长江"这回事，我们所说的长江，指的是长江流域，维基百科告诉我们"鄱阳湖上承赣、抚、信、饶、修五河之水，下接中国第一大河——长江"，很明显，鄱阳湖是长江的一部分。鄱阳湖的鲥鱼，就是长江鲥鱼；华盛顿的车厘子，就是美国的樱桃。

长江鲥鱼已经三十年未见踪影了，固然在生物学上只能算是"功能性消失"，还要再过段时间才能宣称"灭绝"，但是一个普通人是绝对不可能见到一条两斤重的鄱阳湖鲥鱼的，除非是标本，除非穿越几十年回到过去。

有人可能会说"我又没说是野生的鲥鱼"，他可能还会说"这是国内最好的养殖鲥鱼"以及环境、方法、水质等一大套"听来"的知识，然而他没听到的是"养殖者养的并不是鲥鱼"。

养殖鲥鱼，并不是鲥鱼，而是南美西鲱，一种外形与“回忆”中的鲥鱼很像却味道大相径庭的东西，已经被引进中国很多年了，一直被用来冒充鲥鱼，冒充“养殖鲥鱼”。普通人，请客的、被请的，自然可以认为这种鱼是“鲥鱼”，至少请客的被请的也都有面子，然而一个美食家不可以，吹嘘任何没有的东西，都是丢美食家的脸。

今天要说的鱼，也经常被冒充，好在“正主”还大量存在，这就是三文鱼。上次在烤三文鱼的时候，就讨论过虹鳟与三文鱼的问题了，这回也就不说了，那次烤完三文鱼，还留下了两张鱼皮，怎么办呢？我们来做天妇罗。

我最早听说这玩意，还是在很多很多年以前，看了一部台湾配音的《蜡笔小新》，对，就是声音粗粗呆呆的那个版本。后来还有别的版本，小新就没那么好玩可爱了。在那个片子里，小新提到了一种吃食——甜不辣。

好好玩的名字，可到底是什么呢？我一直想弄明白。

后来了解到甜不辣是一种炸制的“条状鱼丸”，是鱼浆和面粉的混和物，炸了吃的。再后来，我也吃到了这种东西，炸好了做成关东煮，蘸甜辣酱吃，味道嘛，你可以去全家买一串试试，也就那么回事啦！

再再后来，与一位朋友聊起，她告诉我：“甜不辣不就是 tempura 吗？你读十遍 tempura 试试！”

Tempura，就是天妇罗，英文中写作“tempura”，维基百科说这个词来自葡萄牙语，还说天妇罗是从葡萄牙传到日本的。这些我们不管它，我们讨论怎么做。

鱼鳞，三文鱼皮上有鳞，如果是整条的三文鱼，可以用去鳞的勾爪刮去，但是已经分剖开的鱼，没有着力点，就不那么容易刮了。你可以尽量尝试刮下鱼鳞，稍微留一点也没关系，三文鱼的鳞很细，炸过之后并不影响口感。

鱼鳞本来也是可以吃的，有道名菜叫鱼鳞冻，我们以后会说到。

三文鱼皮天妇罗，只是天妇罗的一种，可以炸紫苏叶，炸洋葱圈，炸甜豆，茄子节瓜胡萝卜小鱼大虾，只要是易熟易切成小块的物料，都可以。现在大家都吃过天妇罗，脆脆香香的，外面的脆壳又松又轻，虽然是油炸，但和我们平时吃到的面拖有很大的不同，关键在于面糊的调制上。

天妇罗的面糊是由面粉、生粉、小苏打粉、米粉和鸡蛋以及水调制而成的，我们一点点来看。

先说水，天妇罗的面糊要用冰水来调，面糊足够冷，才能炸出足够膨松的天妇罗。

小苏打是用来涨发的，广东话就叫做"发粉"，科学的叫法是"膨松剂"。小苏打的效果很好，现在做无矾油条就是用小苏打。但是小苏打不能多放，一多就会发苦，一般用调羹柄舀上一点就可以。

好了，小苏打产生二氧化碳，有二氧化碳的水是什么？汽泡水呗！所以，天妇罗的面浆也可以用原味的汽泡水来搞，如果你喜欢搞点花样，草莓汽泡水就不错，颜色还好看。

说到蛋，鸡蛋也是为了膨松，而且可以调色，只用蛋黄，炸出来的成品黄黄的，如果你喜欢白色的，那就不要放鸡蛋。

米粉，是为了防止面粉起筋，米粉不能多，多了发黏。

还剩下两样东西，面粉和生粉也就是玉米淀粉。这两样是面浆的主要成分，玉米淀粉越多成品越脆，但过多的话则发硬，所以要先炸个小样尝尝味道，然后按照自己的喜好调整淀粉与面粉的比例。

有人说面粉要筛过，没有很大的必要，如果家里正好有低筋面粉，那很好，要是没有，也不用特地去买，用普通的面粉就可以了。

先放水，再加米粉和生粉与鸡蛋小苏打，加一样搅拌一样，等都搅拌均匀了，最后加面粉，用筷子搅就可以了。还记得吗？我们说过要用冰水，所以面浆要现搅现用，那也就是意味着所有的主料都要事先准备好，洗好晾干，大块切成小块，鱼皮切成小块，大虾去壳留尾开片拍平。

面糊的厚度还没说呢，面糊要薄，但要能挂上浆，薄到刚好挂上浆，大约是四份粉料三份水的样子，不同的面粉吸水量不同，所以要自行掌握。

然后就简单了，起个油锅，最好有那种小而深的炸锅，最好锅上还有半张滤网的那种。把油加热，将物料放到面糊中裹上，放在油锅中炸，等到面糊胀开，再炸几秒即可。火不能太大，因为东西小，油温太高易焦，天妇罗是本色炸物，不必像洋葱圈那样炸到金黄。

天妇罗的蘸汁，是用昆布和木鱼花熬出来的，底上是现磨的白萝卜泥。你完全不必自己去熬高汤，直接到日本超市买昆布汁或者鲣鱼汁好了。什么？买不到？买不到昆布汁的话，你更买不到昆布和木鱼花了，那就直接蘸醋吃吧，上海人还可以蘸辣酱油吃。对了，昆布汁或鲣鱼汁要加一倍左右的水，否则太咸了。

天妇罗就好了，实际上也只是“仿制”罢了。据说一个好的天妇罗师傅要练习十几年，还据说日式餐厅中天妇罗师傅只做天妇罗不做其他东西，可见天妇罗的地位。我还知道日式餐厅前面寿司台上的师傅只做寿司，可见寿司和天妇罗有多厉害了。

话说宋朝有人花了重金，从宫里弄来一位厨娘，为的就是“帝王般的享受”，结果令厨娘整宴，厨娘答曰不能，原来这位厨娘在宫中是专门负责切葱的。

甜豆拌北极贝

当日式生鱼片，就是 sashimi 传到上海的时候，一下子就有很高大上的感觉。最早传到上海的其实还不是日式的，而是潮汕的“鱼生”，一种简化版的鱼生，没有那些蘸料，只有鱼本身。一般用的是鲈鱼，那是 90 年代初的时候，拿来活鱼到餐桌上让客人来验一下的吃法，主人是很有面子的。那时鳜鱼太贵了，还不流行，草鱼倒是有活的，然而太大了，所以最好的选择就是鲈鱼了。

客人看过活鲈鱼之后，店家拿去处理。不多时，就端上一盆生的鱼片来，盆子上是碎冰，碎冰上用保鲜膜包起，再下面就是排得整整齐齐的鱼片了，吃法倒是和日式的一样，酱油加芥末。后来，就比鲈鱼还高大上了，三文鱼和北极贝是流行的搭配，至于象鼻蚌、龙虾、蓝鳍金枪鱼和生蚝，那都是很久以后的事情了。

所以，在很长的一段时间里，生鱼片就两样东西，三文鱼和北极贝，就这两样，还不是经常吃得到，一般的小饭店没有，非要等人宴请才能吃到。每回吃生鱼片，大家总有点“又爱又怕”的感觉，“吃生呢要紧哦？”“蘸点芥末杀菌呃！”“吃点白酒就好了。”

上海人一直对生鱼片有种又爱又怕的感觉，然而上海人本来就是吃生的呀！戕虾、醉蟹、醉螃蜞、生蛎黄蘸酱油、黄泥螺，为什么偏偏碰到三文鱼和北极贝就有点“吓势势”了呢？

今天我要告诉大家的是：我们平时吃到的鲜红的北极贝，其实是熟的。

也就是说，你常常担心的那个生吃会不会出问题的北极贝，其实是熟的。

北极贝，在华人超市中产于加拿大的北极贝，盒装上的标签是“Arctic surl clam”，译成中文就是“北极贝”了，然而也不知道是先有中文名还是先有英文名。在本来的英文语境中，这玩意叫得更多的是“Atlantic surf clam”，但都是同一样东西，哪怕是“大西洋贝”，多数也是出产在靠近北方的大西洋。由于加拿大是北极贝的主要出产地，所以也叫做“Canadian surf clam”。

北极贝的壳很厚很重很硬，运输成本会很大，而且还没法冷冻，冻过之贝肉会贴在壳上，硬扯的话，则会扯碎贝肉。所以最好的办法是把贝肉取出来，且把贝肉煮熟，然后就方便储存和运输了。至于是先取肉还是先煮，我还不知道，我写了邮件去加拿大的Clearwater水产公司问了，以后把答案告诉大家。

生的北极贝是淡黄色的，煮熟之后才会变成鲜红色，大家买到的鲜红色的北极贝，都是熟的。现在这玩意早就不再高大上了，到处可以买到，也便宜，今天就一起来做道甜豆拌北极贝吧！

甜豆是一种和小寒豆（豌豆）长得很像却连皮都可以吃的豆。在上海的话，菜场中很多，在美国的话，“sweet green bean”指好多种豆，有长得像豇豆样子的那种肉豆（French bean），也有刀豆那种的，而上海人所称的甜豆，也是这个名词，其实这几种都可以用。

豆要摘一下，把豆的一角折断，豆肉折断而筋却不会断，顺势撕下筋来，然后把另一头也这么撕去筋。有的豆很嫩没有筋，包装上会写“stringless”，也要把两头摘去，这才是“经过精心准备的食材”。如果你用的豆挺长，就将之折断，长短以可以塞入口中咬嚼而不用露在嘴外咬断为准。洗净待用。

北极贝是熟的,但也要处理。把北极贝化冻,在根部也就是白色的地方,横着切一刀,然后在断口处,横着一批为二,成为两片薄片。如果北极贝不是很大很厚,就可以了,否则的话,把红的那面朝上,平放在砧板上,平行地间隔几毫米轻轻地划上几刀,切入却不切断。

把北极贝放在一个容器中,撒上一把盐,一大把捏在一起,用力搓揉,将内面中的"肚肠"搓下来,然后用水漂净。

接下来就简单了,烧一大锅水,等水开了,把甜豆倒入沸水,豆子的颜色会从淡绿变成翠绿,等水再开把北极贝也倒入,待水再滚起来,关火即可。吃不准的话,可以拿个豆子尝一下,要脆而没有豆腥。

把水滤尽,倒在一个容器中,撒点盐,撒上现磨的黑胡椒,再加点橄榄油,然后将之拌匀,盛出来装盆。

我过去认为橄榄油是无味的,现在渐渐地发现好的橄榄油是有股特殊的清香的,较之麻油更霸道,更适合做此类清淡的菜。这道菜很容易,大家可以试试。

对了,日本还有一种"北寄贝",要比北极贝大很多,它们是近亲,但熟制的话颜色没有北极贝这么红。北寄贝是真正高大上的东西,日本人常用来做成刺身,对的,生吃!

清蒸甲鱼

马兜铃事件大家都知道了吧？方舟子厉害，他只要一反对一样东西，人家立刻组成一个实体的线下团体来怼你，上次是普洱茶，这回是马兜铃。

认识我的朋友都知道，我从来不反对“传统中医”，但我不认同现代中药和现在的中医师。前有神农尝百草，后有李时珍《百草纲目》，药草的品性是在不断变化的，人的身体也是在不断变化的，过去一个好的中医都有自己采药的本事和经历，如今的中医师，能把中药认清就不错了。

这么多年过去，气候环境都发生了很大的变化，有几个中医去研究过？人体本身也由于饮食习惯生活条件心理感受等发生了很大的变化，“古方”必然不适合现代人，这些都是现行中医中药的软肋。

所以，我信中医，但得了病，我去看西医。

支持马兜铃的人，一定反对转基因。前者，全世界的科学家告诉你有毒，不能吃，他偏要吃，老子就是喜欢找死，你管我？后者，全世界的科学家告诉你无毒，尽管吃，他偏不吃，弄得天天有人要害他似的，你多大的人物呀？人家还要跨国来害你？

美国也有这种人，还不少，吃菜自己种，自己种不出的，一定要去Whole Foods买有机的，要有Farmers Market更好。

这不，这些人又流行起“祖传番茄”来了。超市里的番茄，一个个都是圆的，都一样红，都一样甜，大小还一样，这怎么可能？这一定是不好的番茄，我生孩子还一个傻一个呆呢，傻的和呆的还不一样呢，你番茄怎么可以是一样的?

我们不要吃这种一样的番茄,我们自己去找种子来种!哪里去找?有些人家里的番茄是一代代这么自己留籽种下来的,在1945年前就由老一辈老二辈老三辈这么种起来的,一直留传至今,这种番茄就是“祖传番茄(heiroom tomato)”。这种番茄没有两个是一样的,甚至没有一个是圆的,它们有大有小有黄有白甚至还有黑的。

超市中的那些长得一样的番茄,是1945年后经过人工几十年育种的结果,这些番茄其实在抗病力、抗虫害、耐寒性以及含糖量等方面远远超过祖传番茄,后者大多数时候是“近亲授粉”,大家记住,但凡“品种纯正”的,质量一定不会好,但凡名狗名猫,都有这样那样的遗传病。

人工饲养与种植的东西,大多数时候,都要比野生的来得好,因为人类在饲养和种植的同时,对物种进行了人工筛选和优化,通过一代代地杂交使得产物把优点放大、缺点缩小,这是多好的事呀。饲养牛就是比野牛好吃,混血儿多半比不与外人通婚地方的人好看。

然而,有些东西,不见得饲养的就好吃了,也可能是育新种困难吧,大规模高密度饲养原始种,反而使种群退化了,很多水产品就是。饲养的黄鱼远不如野生的,同样,白水鱼、黄鳝也是如此,还有甲鱼。

野生甲鱼没有饲养的肥,这是个缺点,然而野生甲鱼吃的都是“活货”,而非鱼粉之类的合成饲料,合成饲料的最大问题是会使甲鱼变腥,腥臭难闻,而野生甲鱼调弄好了一点都不腥,隔顿再吃也不腥,就是这么厉害。甲鱼的饲养,在某个时期还要让它们吃钙粉,以便把壳长牢而达速成,所以肉质松软,不好吃。

我们今天来做道“清蒸甲鱼”,甲鱼菜中最好做的一种。我们从挑甲鱼说起。

一般来说，野生甲鱼的肚皮是黄的，黄得发亮发金，爪上有老皮；养殖的，则是雪白的肚皮，背壳也较淡。以前去菜场，大家都要买雄甲鱼，因为甲鱼就是“阳”的象征，你只听到过骂老年体瘦男人“老甲鱼”的，从没听说过有骂女人“老雌甲鱼”的吧？说来好玩，好像只有体型瘦弱且刁钻的男人，才配当“老甲鱼”，胖子好像不够格。

这只是个笑话啦，其实大家不买雌的，是因为肚子里有蛋，以甲鱼的价钱买蛋吃，不合算。分辨雌雄的方法很简单，看尾巴，雌甲鱼的尾巴短而瘪，不会超过裙边；雄甲鱼的尾粗壮而硬，长度超出裙边。

据维基百科的说法，美国的关岛、北马利安纳群岛和夏威夷也有甲鱼，但没有说美国本土有甲鱼。然而，我可以肯定的是，洛杉矶就有甲鱼，活的，野生的。然而在美国，至少在加州，在家中杀甲鱼是违法的，你就是在超市买条活鱼自己回家杀也是违法的，所以我们要把时空移回到上海去，1990 年。

1990 年，经常有人送甲鱼给我爸爸，可他是个手无缚鸡之力的书生，杀甲鱼的事就落到了我和祖母的身上。你可能听说过拿根筷子让甲鱼咬住，然后把它的头拉出来切掉的故事，然而事实并非如此，那样效率太低了。第一，甲鱼肯不肯咬是个问题，那完全看它心情了；第二，咬得紧不紧也是个问题，没有咬紧就会松掉，再叫它咬就麻烦了。

我们有多快好省的办法，一个人右手戴个手套，然后把甲鱼倒过来肚子朝天，那时甲鱼一定会把头伸得老长，去顶地想把自己翻过来，那时就用戴着手套的手一把抓住甲鱼头，一定要稳狠准，要用力抓紧，同时另一只手按住甲鱼肚皮，不让它翻回来。这时，另外一个人拿早就准备好的剪刀一刀剪下，完事，我们再把时空移回洛杉矶。

如果不是炖整只甲鱼，可以把头直接剪下来，我是不吃甲鱼头的，就直接扔掉了。从颈部以下，在甲鱼壳的下面，有层软软的东西，就是前面提到的“裙边”，沿着裙边剪开，同样，如果是炖整只甲鱼，就留着最前面的部分，让甲鱼上下连着，否则就全部剪开，分为上半只和下半只。

把下半只中肚子里的内脏连着气管喉管，全部摘除只留着四肢，肚子里的油留着，传说中甲鱼肚子里的油很腥，要去尽，那完全是瞎说，好的野生甲鱼是丝毫不腥的，而且风味，就靠这些黄油了。把上下半面贴着甲壳的血膜全都扯去洗净，烧一大锅水，我们要烫甲鱼了。

阁主家宴的第一顿，有道梅龙镇的名菜——生炒甲鱼，那完全就是为了显本事博名气，其实是个噱头。如果说“不生即算熟”的话，那天下根本就没有“生炒甲鱼”和“生炒鳝丝”这两道菜，因为这两样东西在预处理时，都要烫过，而生炒甲鱼，只是选嫩一点的甲鱼，烫得时间长一点，再猛火一炒，就算生炒了，讨了个“不熟透就算生”的巧。

水烧开，把甲鱼上下爿都放入开水，烧煮几十秒即可，取出浸在冷水里，如果你要“生炒”，那就得时间长一点，但是家中火力不足，还是建议不要炒来吃。甲鱼壳上有一层很薄的“衣”，要仔细地将之揭去，这才是“腥之源”，一点点地撕，背上的最明显，裙边正反连脚皮上都有衣，要耐心地揭去，剥不下来的话，再烫再剥。

把四个脚上的脚趾折断弃之，要注意，你轻易地一掰，会掰下一个黄的来，那是“趾甲套”，真正的脚趾还连着身体，是很小的一个，也要掰去。

斩件，你刀够快力够大的话，自然没问题，想怎么斩就怎么斩，然而要是没力气，我们得慢慢来分解。先说下面半爿，用剪刀从尾部剪入，往上剪，一直剪到剪不动，是一根小小的“人”字形骨头，用手把两边的肉往外挤一下，就可以拆出这根骨头来，扔掉，再往上剪，就可以把整个下半爿一分为二了。然后上下分开，也用剪刀，那里没有骨头，很容易。如果甲鱼大，可以再一分为二，这样下面就是八块。

背，用刀斩不开，普通的刀普通的人是斩不开的，但你可以将之掰开，注意，要从背壳的里面往外用力，那背壳原来是一节节的，在节与节的连接处用力，一掰就掰开了，然后沿着掰开地方，把裙边剪开。力量使得巧，不但横向可以掰开，连纵向都可以，如此也是六到八块。

把甲鱼块码在一个碗里，撒上盐，倒入料酒，盖上姜片和葱段，我是用了半罐啤酒，大家知道我喜欢喝啤酒，经常用啤酒当料酒。

然后呢，隔水蒸，一般的小甲鱼，半小时就可以吃了，大的老甲鱼，要一个半钟头两个钟头，蒸的时间越长，裙边就越软越好吃。

吃之前，把葱段姜片搛去，哎呀，金灿灿的一碗呀，想想都好吃，撒点胡椒粉，上桌。

有人是整个盖子不剖开盖着蒸的，也可以，还有的人喜欢放火腿片，可以增加鲜度，我则喜欢原汁原味的。

对了，生炒甲鱼也不是“那么”简单的一个噱头，还是有很多诀窍的，我们下回再来说。

对了，关于加州在家杀鱼杀鸡的法律禁令，我没有找到，我也在想，加州是允许钓鱼的，那钓的鱼不杀怎么吃呢？希望有精通法律的朋友可以告诉我答案。

象拔蚌二吃

参加了一个聚会，女主人是四川人，嫁了个来美三十年的广东人。那天我做菜，男主人的父亲在美国做了三十年的广东菜厨师，我算是班门弄斧了。我和阿杜一起去的，我们两个上海人。第一位客人，哈尔滨人，如果我和阿杜不算客人的话，哈尔滨姑娘嫁了个墨西哥人，细究起来还是危地马拉裔的。第二对客人，是武汉男人娶了位台湾媳妇，挺有趣的，更有趣的是这位武汉爷们不吃辣。

又来了对亲姐妹，台湾人，江苏裔的台湾人，其中的一位嫁了个海南的。最后来的一位是山东人，做面食真是一绝。最后只差一个香港人，否则两岸三地全凑齐了，可以共襄大事了。呃！没什么大事可襄，我们就是吃吃喝喝啦！

吃什么？算是我阁主家宴在洛杉矶的第七场吧，其实与上海的家宴还有很大的区别。第六场是在阿杜的“别业”做的，八道冷菜、八道热菜、一道汤，算是比较中规中矩的。第五场是在我们另外一个朋友 John 的家里举行的，就是洛杉矶最热的那天，我们临时建了个微信群叫“阁主战高温”，那次做了八道热菜，没有冷菜。

这第七场的菜单是：四喜烤麸、糖醋小排、虾胶老油条、肉蟹粉丝煲、沸腾鱼、荠菜黄鱼卷、生蚝与象拔蚌二吃，外加女主人贡献了川北凉粉、白灼芦笋与香干拌茼蒿，又有其他朋友带来的烤鸡烧鸭，外加一大煲苦瓜凤梨排骨汤。好酒美食，玩得个不亦乐乎。

本来想写一句“我不是说我做的就是美食”，后来一想，我打算说的就是“我做了美食，朋友也做了美食”，好酒美食，多好呀。

四喜烤麸、糖醋小排，都是可冷可热的菜肴，在调味和口感上稍加调整即可，所以当天全是热菜，就连茼蒿拌香干，也是新鲜出炉。

生蚝，是个凉菜，这没啥可说的。不过当天有朋友不能吃生的，男主人拿了一半的蚝当场烤熟。虽说男主人不会做菜，但烤起东西来依然将门虎子。

还有象拔蚌，我料理的，一半生吃，一半热炒，算是冷热各占，挺不错的。

今天就来说说象拔蚌。

象拔蚌，又名象鼻蚌，我更接受后一种写法。你不觉得吗？那玩意长得就像鼻子似的。

象拔蚌在上海始终没有太流行，原因是太贵了，吃象拔蚌还不如吃鱼翅海参呢，虽然我不吃鱼翅。美国的象拔蚌很便宜，喜欢吃的人可以大快朵颐。墨西哥的象拔蚌更便宜，五美元一个，我有位朋友带着家人去玩，一高兴，点了二十个。

他点了二十个象拔蚌，拍了照贴在朋友圈。我说：“哎呀，好东西这么吃，糟蹋了。”照片中的象拔蚌被切成了麻将块，没有进行预处理，再好的东西，这么吃也会吃傻掉的。

我们先从挑选象拔蚌说起吧。首先当然是挑活的，用手去碰碰它的“鼻子”，会缩起来，就是活的，缩得越快越新鲜。鼻子要鲜亮的金黄色，不能有伤疤。另外，不要在乎壳体的大小，鼻子越粗越大越好，有时很重的一个象拔蚌，鼻子却很小，就没有意思了。所谓的鼻子，生物学上叫做虹管，包括吸入管和排出管，不过我们还是亲切地叫它“鼻子”吧。

象拔蚌买来，不吃的话可以放在冰箱冷藏室，软体动物很容易存活，不必担心。

烧一锅水，一大锅水，你先烧着，我慢慢说。

象拔蚌要烫一下把外面的皮剥掉，我那位去墨西哥的朋友，当地的象拔蚌就没有剥皮，所以吃起来很麻烦。

象拔蚌剥皮有两个流派。日本人剥皮是先把肉从壳里剥出来，把身体摘下后再烫“鼻子”；广东潮汕厨师则是整个一起烫，烫完再去壳的。

很多弄过象拔蚌的朋友说生的蚌壳很难与身体分离，那是因为没有找对地方。象拔蚌与大多数贝壳一样，有贝柱，只要割断贝柱，就能打开了。象拔蚌的壳是椭圆形的，每面有两根贝柱，位置在椭圆的两个“定点”上。什么意思？就是你在两个钉子上绑一根长度大于钉子间距离的绳子，用支铅笔绕着绳子画，最后就能画出个椭圆来，而那两个钉子就叫做“定点”。

说了半天，等于白说，没人有兴趣为了开个象拔蚌再学一遍几何的。简单点吧，找把小刀，沿着蚌壳与肉紧贴的地方切入，尽量让刀贴着壳，而不要贴着肉，往下割到底，前面一刀，后面一刀，手上感觉得到切到硬物了，就加点力，象拔蚌的贝柱很细，很容易割断，普通的餐刀就行。

等壳去掉，把壳洗净，晾干，我们过一会儿用它做盛具。

现在，可以很明显地看清楚了，一条大鼻子，连着身体。原本在壳中的部分是嫩嫩水水的，身体的顶上，有一条也带着皮的，原本壳没有遮住的地方，就是硬硬的，为了行文方便，我们称这个部分为“背”，而称“背”的下面为“肚子”。

将手指塞入鼻子和背连接处的下面，那里没有肉，只有两层极薄的薄膜，顶破薄膜，把整个“肚子”拿下来。肚子和背是连着的，稍微用点力扯一下即可分离。

这么些时间，水也应该煮沸了，准备一盆冰水，水多一点，冰也多一点。找个夹子，没有夹子就用筷子好了。把象拔蚌放入沸水中，十到十五秒的时间，视大小而定。一烫即可，快速地把象拔蚌拿出来，浸到冰水中。把火关了，将肚子浸到热水中。

让它们都浸着，一个在热水中，另一半在冰水里，反正你还有别的事可以干，不妨先擦一点萝卜丝，可以铺在象拔蚌底下，把萝卜丝同样浸在冰水中，另外浸一盆。

把象拔蚌拿出来，“鼻尖”上的皮很紧，用手指捏紧揉几下，就会变松。左手捏住鼻尖的皮，右手捏紧“鼻子”，左手往上拉，用力拉，不用怕，不会拉破的，这皮的延展性很强，你可以一直拉一直拉，拉得很长很长，直到把整个皮像拉长筒袜一样拉下来，也包括一段背上的皮。

撕去皮后的鼻子表面，会有一层黄色的滑腻物质，用水冲洗干净，必要的话，可以用小刷子刷一刷，反正要洗得白白净净的。“背”上会沾有一点“肚子”上的软肉，切下来，修理整齐，切下的软肉不要扔掉，拿个小碗盛起来。

把鼻子和背部分开，然后在鼻子上割一刀，剖开圆柱，但不是一剖为二，只是剖开即可。还记得吗？我们一开始说过有两根管子，进水管和出水管，所以要先割破其中的一根，然后再割开两根管子之间的管壁，把内壁冲洗干净。

把壳放在盆中，有木板也可以，在壳中铺上萝卜丝，接下来先片背，再片鼻，背垫底，鼻子盖在背上面。片的时候刀要放平，尽量放平才能片出足够大的片来，片好一片，放在盘中一片，摆放整齐。对的，先片下的在最下面，一片叠一片，是倒着放的，那样堆叠出来，才有层次。顺着放两片之间没有间隙，堆不高，反着堆可以让东西看起来更多一点。

装盘完毕，配个鱼生酱油和芥末碟，就是传统的象拔蚌吃法了。

还记得浸到热水中的“肚子”吗？切片后与青红椒同炒，只要盐和白胡椒调味即可，勾极薄的芡，既为了看上去明亮些，也使得味道可以粘在物料之上。

华人店一般是把“肚子”做成椒盐的，那也很容易，用面粉生粉加水加蛋调个浆，不要太厚，太厚吃起来全是面粉，然后把“肚子”裹上面浆在油里炸脆，撒上椒盐即成。家中不便起大油锅，还是炒来吃吧。

烤越南腌鲫鱼

我以前从来不知道鱼可以烤着吃，我猜我第一次吃烤鱼，是在大理的大研古城，我们住在古城里，古城外面有个烧烤摊，只有晚上才摆出来。据摊主说，她是个下岗工人，没了工作后就摆这么个摊子，那时的大理还不像现在这么小清新，束河还真是个古镇。

那个摊卖的东西都是些“小品”，烤豆腐、烤韭菜、烤土豆片什么的，稍微好一点的有鸡肫、翅尖等，那时即使上海都还没流行烤生蚝、烤扇贝呢，那时的上海可能只有烤羊肉串呢！

那个摊上最贵的东西，是烤鱼，烤罗非鱼，好像是十块钱，也可能我记错了，应该没那么贵的，也有可能是两块钱吧，反正我记不清了，可我还记得那个鱼，记得那个鱼有多好吃。

那是我第一次吃烤鱼，也是我第一次吃罗非鱼，使我以为罗非鱼是一种怎么做都好吃的“高档鱼”。直到十几年后，上海也有罗非鱼卖了，我买了条来蒸，粗老不可食，后来才知道那鱼只适合来烤，还知道那是“尼罗河非洲鲫鱼”的简称，是一种经济作物，一点也不高级。

我记得那个摊烤鱼很慢，你得等好久好久，她一天也就准备一两条鱼，要早早地去候着她出摊。既然要等好久来烤鱼，那就只能再点些其他的东西先吃来，好在别的也都很好吃。

打那以后，我就吃过烤鱼了，以后有机会也一直会点烤鱼吃。再后来，上海开了泰国菜云南菜，经常有道菜叫“香茅草烤鱼”，经常点，也没觉得怎么很好吃，鱼放在一张绿色的叶子上，我一直以为那张叶子就是香茅草。

再再后来，我在研究冬阴功时接触到了香茅草，原来是种圆圆细细长长的草，有着非常浓郁很有特点的香味，所以我过去吃到的所有“香茅草烤鱼”都是没有香茅草的。

后来还吃过一种烤鱼，所谓的重庆烤鱼，又名山城烤鱼，重庆本来就是山城嘛。点好活鱼后放在一个有汤汁的点着火的不锈钢盘子里上来，丝毫也看不出那鱼烤过。我至今不知道那玩意为什么叫烤鱼，明明是煮鱼嘛！反正我不喜欢吃！

最近，我烤了个鱼，很好吃，拿出来与大家共享。

那是我无意中买到的一种鱼，在 99 大华超市买的，是一种鲫鱼，从包装来看，应该是越南出品的。鱼的体形是典型的鲫鱼，然而与我们上海常见的鲫鱼不同的是：它的眼睛是红色的，鱼皮颜色也更淡一点。

这种鱼是事先腌过的，因为包装上写着“marinated”。鱼很小，我估计在上海不会买这么小的鲫鱼，但既然都洗好腌好了，我也没什么理由反对了，不是吗？还有，鱼身上划着等宽的很细的切痕，看着挺漂亮的，我很想知道这是一刀刀划出来的，还是有把特殊的像梳子一样的刀一刀就刻出来的。

鱼买回家，拆开包装，发现虽然很小，但是处理得很不错，鱼肚皮没有破，却把鱼肠拿掉了，这招我也会，我做刀鱼就是这么做的，但我就没胃口为了不值钱的鲫鱼这么做。唯一美中不足的是有条鲫鱼尾巴没有了。

鱼很干净，洗一下就好了，我把鱼从背上切开，然后切断腹骨与龙骨的连接，这样就把整条鱼变成一张平的了，腹部还是连着的，就像剖要做鳗鲞的海鳗一样。

我把烤箱预热到华氏500度，又把鱼皮朝上放在烤盘里，喷上油，有油可以让鱼身更脆。

我是将烤盘放在烤箱的最上层烤的，broil，有人译作炙烤，这档是不能设定时，因为太容易烤焦了，需要自己一直看着。所谓的“一直”也就几分钟，我是烤了六分钟后，看了一眼，发现着色还不够，又烤了两分钟，打开烤箱的时候，鱼身表面“哧哧”作响，过瘾极了。

我配的是李锦记出的是拉差美纳滋酱，能想到把这两种天才酱料混合在一起的人简直就是天才中的天才，前者是泰国华人在美国开创的辣酱品牌，后者是传统奶黄酱，配在一起就成了新的美味，用来蘸这烤鱼，相当好。蘸鱼露也很好吃，鱼露加水加糖，剪些小米椒下去，吃起来又辣又香。

这个鲫鱼对我来说有点咸，需要蘸点醋才能解咸，下回再做的话，可以先在水中浸泡一会儿，半小时到一小时的样子。

我不打算让大家用活鲫鱼来做，活鲫鱼可以做鱼汤可以塞肉可以炖蛋，完全不必这么腌来吃。要腌的话可以曝腌青鱼，清蒸也可以，切块油炸了烧毛豆，糖醋的，哎呀，太好吃了。

我是指如果你“恰巧”买得到这种越南的腌好的鲫鱼，又“恰巧”有个烤箱，不妨做做看这道菜，花一分钟切两条鱼，烤好就可以吃了，又香，又脆，如果你嫌鱼背刺多，那就吃鱼肚皮好了。

只是你买的时候最好仔细看一看，不要买没有尾巴的，反正包装是透明的。

（本文贴在网上，有朋友指出大研古城在丽江而不是大理，年代久远记错了，保留着吧。）

豆豉鲮鱼炒生菜

2014年寒冬的某天，周一，中午，我走进了北京路上的一家面店，铜仁路往西一点，在儿童医院那条弄堂的斜对面。这周围我太熟了，我出生在儿童医院那幢房子里，只是当时叫“六院”。我小时候的家在南阳路，又在上海商城上了十几年的班，却不知道这里有家面店。

其实这根本就不能算面店，它连招牌都没有，没有装修没有店面，就是居民把家搬空把门打开，放上十来张桌子卖面而已。

我平时是带饭的，就算不带饭也是和同事们一起叫外卖。说来好玩，我长这么大，还从来没有打过外卖的电话，都是同事们要定的时候我去“蹭”的，不是蹭饭钱哦，只是蹭他们的电话订单。

那天没有带饭，阳光又好，我就信步离开了办公室，鬼使神差地朝后街走，走进那家面店。我点了一份双浇面，辣肉加香菇面筋……

后面是省略号，是的，省略号！你知道那是一种什么感觉吗？不说也罢！

就在隔天，我做了四十来瓶辣肉，三十来瓶香菇面筋，这些都是一个月前的订单，我自己的辣肉做到公认的“上海第一”，我居然在一家连店名都没有的面店，点辣肉吃？想想也是，这香菇面筋的售价都及不上我的成本，怎么可能好吃？

我要上班，一周只做一次辣肉。装瓶，抽真空，包装，发货，尽我所能，一整天从早到晚，只做得出七十瓶左右，要是有啥办法，能让大家随时随地都能吃到好吃的辣肉，那该有多好？

甫田网来找我，愿意让我用他们的平台来推广我的辣肉、香菇面筋和香菇肉酱。其实我根本不愁卖，我担心的是没有能力生产出大家需要的量来。甫田网很热心，他们为我找到了一家罐头厂，好像是叫做“大山和”，也许我记错了，反正那家是全中国最大的菌菇类罐头食品生产商，我们参观了他们在上海的基地，签署了保密协议，进行了试生产。

先行试生产的是辣肉和香菇肉酱，三四天后，有两个玻璃瓶放在了我的桌上。瓶子是抽了真空的，当我拧开时有“噗”的一声，能听到自己的辣肉在打开时有这特殊的声音，还是很开心的。

辣肉与香菇肉酱的味道都好“正”，废话嘛，本来就是我给出的配方，严格按照分量与次序来，味道不会出问题。然而口感，很成问题，香菇肉酱，成了一种类似油浸肉松的东西，一瓶东西有三分之一是清油，完全没有肉糜的感觉，肉碎吃上去很香很酥，但不是我要的香菇肉酱。辣肉也很香，但一块块的肉丝毫没有弹性，一咬就碎，像是老豆腐一样。

到最后也没有解决，罐头食品的工艺决定了不可能做出“嫩”的辣肉来。在与厂方进行了探讨之后，我方才知道原来罐头食品是不用防腐剂的，这点出乎大多数人的意料吧？不论是瓶装还是马口铁罐头,统称罐头食品，是在包装后再进行长时间的水浴来消毒的，保质期的长短是由温度和时间来控制的，具体的数据我不记得了，但印象中是 140 摄氏度的水浴一个小时可以使罐头的保质期在一年，这也是最低的国家标准，要是想让保质期更长，就得水浴更久的时间。

这就是为什么真空小包装的鸭肫会那么酥软没有嚼头的缘故。我本来以为把煮好的鸭肫放进真空小袋，抽真空就可以了，结果并非如此。这种要长期保存的真空小包装，也是种罐头，也要进行长时间的水浴消毒；这也是为什么香菇肉酱会变成“肉松”的道理。

辣肉罐头，无解。

倒是有种罐头，挺好吃，消毒工艺没有影响它的味道，那就是豆豉鲮鱼。

豆豉鲮鱼是种副产品。中国的罐头食品生产商，大多有自己的酱园，对的，自产酱油，为了生产红烧猪肉、香菇肉酱等东西，自己酿酱油，大规模降低成本。既然酿酱油，就会有豆豉，豆豉就是发酵过的豆子，就是拿掉了酱油后剩下的豆子，很鲜，也很咸。豆豉鲮鱼就被发明出来，把鲮鱼油里炸透后浸在豆豉中，再做成罐头，结果这产品很受欢迎。

广东有三大豆豉鲮鱼，鹰金钱、甘竹和粤花。上海人只知道鹰金钱比较好吃，很早就卖到上海来了，至于甘竹，据说是鹰金钱的员工离开后开的，而粤花，我连见都没见过。

洛杉矶不但有豆豉鲮鱼，而且还有好几个牌子，我是只认鹰金钱的，商标是个展翅的老鹰站在一枚“孔方兄”上。包装都是一样的，腰形的扁罐，红黄相间的罐身，外加一条鱼的抠图，大家买的时候，要看清商标。

小时候，一罐鲮鱼有三四条，后来越来越少，现在只剩一条半了，倒不是东西少了，而是养殖技术大提高，鲮鱼越来越大了。豆豉鲮鱼很好吃，吃完鲮鱼，还剩小半罐油和黑色的豆豉，用来炒各种生菜最好，油麦菜、绿叶红叶生菜、罗马生菜，都可以。

把生菜洗净，切段。把罐中剩油和豆豉倒在锅中，加热，放入生菜，翻炒，炒匀即可。这道菜很好做，要注意的是切忌加水，有的朋友觉得要让豆豉的味道散出来，也有的觉得干炒炒不熟，就加一点水，结果是把生菜弄得烂烂的。生菜不像青菜，生菜是生的也能吃的菜，本来水分就足，只要锅热，翻匀就好了，带到点豆豉的香鲜，也不至于太咸。

说起来你们可能不信，这种吃法曾经风靡过上海滩，在很多饭店和排档中都出现过。是把鲮鱼对半分开，扯去大骨，然后撕成小块，待油麦菜或生菜用豆豉炒好后，放入鲮鱼块翻匀装盘的。好像就是 90 年代初，除了那些“因循守旧”的国营老店，但凡私人店家，家家都有这道菜，也算是道“江湖菜”或“模子菜”了。

鱼肚蛋丝羹

中国有古代四大发明，对于现代生活来说好像都没什么实用价值。

中国另有四大发明，与现在的生活息息相关，那就是“粥粉面饭”。中国以前是个农耕国家，南稻北麦，做出来的粥粉面饭，是最基本的东西，至于水饺、馄饨、烧卖、叉烧酥、粢毛团，那是锦上添花更上一层楼的东西了。

一楼一楼上去，到最高一楼，中国人还有四大发明，谓之鲍翅参肚，据说都是大补之物。但又有一个附带的“医嘱”，说这些东西定要天天吃月月吃年年吃，方显奇效，难得吃一回是没有用的。

太有道理了，天天吃得起鲍翅参肚的人，根本不可能蛋白质摄入不够质量不高，也不可能生了小病得不到及时的治疗，这样的人，只会营养过剩，就算生起病来，也是“富贵病”，显然是“补得有效”了。

肚，就是鱼肚，实际上就是鱼泡泡，学名为“鳔”。大鱼晒干的鱼肚，粤人潮汕人极其推崇，简直到了“包治百病”的地步，前提自然也是要“天天吃月月吃年年吃”。此物价格不菲，好的上万几十万乃至上百万的都有。

有很多中餐馆，特别是在美国的中餐馆和香港的低档食府，售卖一种叫做“鱼肚羹”或者“鱼肚汤”的东西，让不舍得天天月月年年吃的朋友过个瘾。

与粉丝冒充粉翅不同，这种鱼肚是真的鱼的真的鳔，只是干制的工艺与卖到天价的不一样。

卖得贵的，是晒干的，用很大的鱼鳔晒干，要缩水很多，这种鱼肚就是常被称作“花胶”的上等货。而俗称的鱼肚呢，是用低档鱼的鱼鳔油炸脱水的，鱼肚一经高温，就会胀大，看着很大的一个，当中全是空洞。这个道理就和猪皮是一样的，为了防止砧板裂开，我们会在砧板的周围钉上一圈新鲜的猪皮，等猪皮变干，就好似一圈箍紧紧地包住了砧板，也就不会裂了。你再看猪皮，变得很薄很硬，这就是自然干燥后的结果。还有一种我们做肉皮汤的猪皮，是用新鲜猪皮油炸或盐烘而成的，很肥很厚的一块，就是受热发胀而成的。

花胶和鱼肚，一个是把东西做小，一个是把东西做大，做小的东西比做大的东西还大，可想原来的样子要有多大，这也就是为何花胶身价百倍的道理。

用油发的鱼肚冒充俗称花胶的鱼肚，自然就是为了骗骗洋盘罢了，这道理其实和海蟹手拆肉做蟹粉小笼一样，只是为了让“穷人”们吃上而已。

东西便宜，却不见得不好吃，草头卖到廿块一斤很好吃，霜打的矮脚菜再贵也不过五块钱，同样很好吃，所以大家不要以价格来衡量东西的好吃与否。

前几天有北京和上海的餐厅公关吵起来，说是人均三千还没吃到好吃的。要知道，好吃和好味，很多时候并没有必然的联系。那个价，只是让我们知道开一家高价餐厅要接待多少白吃白喝的公关、媒体、新锐美食作家，不过人家也不白吃你的，你没上米其林的榜，我给你上我的榜，我的榜还不选米其林有星的店。什么？你的店上了米其林上海榜？那没关系，我让你北京店上我的榜。

你没拿到奥斯卡没关系，你请我吃饭，我们村电影节影后就是你。

说回鱼肚，鱼肚不贵，但好吃，美国的大鱼多，洋人又不懂吃鱼鳔，于是华人做成了油发鱼肚在华人超市里卖，价格很便宜。这玩意和花胶的实沉不同，它是中空的，一大包也没多少分量。买的时候挑硬的白的买，如果可以闻，要闻上去不腥不臭没有异味的才好。

这种鱼肚，是卷曲的，很大的一块，花胶则是平整的。只要一块，就够一家吃了，放在清水中浸泡，三四个小时的样子。

浸泡好的鱼肚，变软了，但是依然有弹性，还有点点“软硬劲”，用刀切成丝，大约一根筷子的粗细。

然后很简单，找个锅，把鱼肚丝放入，放水盖过，再放一块拍碎的姜和一个葱结，就是几根葱打成的结啦。

再加料酒，开水烧，待水沸之后，用中大火再煮它个一刻钟的样子。

煮鱼肚的时候，将一个鸡蛋打成蛋液备用，要事先放入料酒和细盐。再拿一只碗，放点生粉，加点冷水，搅拌均匀，待用。

然后就很容易了，把鱼肚拿出来，弃去葱姜，用温水冲洗干净放入锅中，加上鸡汤，大约一倍的体积。美国有现成的鸡汤罐头，国内现在也有史云生，用起来都很方便。

加盐，别忘了加盐，但别忘了“宁淡勿咸”。

把汤烧开，加盐，将水淀粉搅拌均匀，分几次倒入锅中，是为勾芡，老法写作“勾纤”，上海人叫做“着腻”。

着腻很有讲究，不能薄，太薄了鱼肚全都沉在下面，也不能太厚，吃上去像糨糊像胡辣汤就不对了。虽然前文说是“分几次”入芡，但实际上要求是“连续地分次”，经验足的话最好一气呵成，因为水淀粉煮得时间长会稀化，又变得不稠了。

到底厚薄如何？是汤是羹不是糊，以鱼肚丝刚不沉底为最佳，要用调羹舀基本不黏却有挂勺为准，鱼肚则是均匀地分布在垂直的汤羹的各个水平面上。

煮沸，关火，把蛋液倒入；同时用个勺子快速地打圈，蛋就成丝而不是蛋花了。网络上关于“如何做出完美蛋花汤”的探讨可谓汗牛充栋，而实际上网友讨论的是“蛋丝汤”而非“蛋花汤”，其中的关键就是要勾芡，而且要勾到有意无意之间，很多时候，这种小细节是最难的。

Serve，可以端上桌了，配一碟大红浙醋最佳，用葱姜加料酒煮过的鱼肚一点都不腥，配红醋也就为了解解“心疑”罢了，爱加醋的自己加，爱吃农家榜单的自去吃。

天要下雨，娘要嫁人！

附：该羹还有高级版的做法，即只用鸡蛋清而非全蛋，成品雪白一片，煞是好看。

天上飞的

Menu

番茄秋葵炒鸡块

烤鸡大腿

鸭膀三吃

剩下的火鸡

橙花鸡

烤鹌鹑

醉鸡

猪柳蛋

番茄秋葵炒鸡块

先打个预防针。网上看到这篇的朋友，请不要在留言中说“现在的鸡激素很多，好几年不敢给孩子吃了”“鸡腿是红肉，不健康”之类的话，我的《下厨记》系列只讨论好吃，从来不讲健康和营养的；如果是看纸质书有了上述的想法，那么我们一分为二来看待这个严肃事件。

一种情况是你站在书店翻看时正好看到这段，心想：“这个作者怎么吃鸡啊？！现在的鸡多不健康呀！”那么你应该做的，就是放下这本书，然后离开这个区域，到对面角落里的医学养生类书籍区域，购买《沈氏女科600年：女人会养不会老》《高等医药院校试用教材：中医养生学（供中医养生康复专业用）》《脸上的真相——民间中医“解毒”现代身体》等，相信你会喜欢的。同时建议再到二楼的中国文学区域，给孩子买上一套《弟子规》，如果是女孩子的话，别忘了《女儿经》。

还有一种情况，是你买了我的书，看到这里，有了这样的想法，那我建议你哪怕要退书的话，也把剩下的读完。一来，看白书不影响健康；二来，没准你看完整本书就喜欢上这本书了呢？不过那你可得破费了，这本书一套至少有七本，以后还会有第八、第九、第十本的。

这年头，要找到好书不难，但要找到有趣的作者不容易，如果你看到了这句，那么恭喜你，你找到一个了。

对的，我们今天说鸡。

我妈总是认为美国人很“作孽”的，因为他们“吃来吃去就吃点鸡胸”；

上海话中“作孽”是“可怜”的意思。暂且不说美国是不是只有鸡胸吃，在我看来，就算老是吃鸡胸，也不可怜。我妈怕是被中国的鸡汤吃伤了，中国的鸡汤是用老母鸡炖的，鸡腿鸡翅稍可食，但是鸡胸就又老又柴了，的确没啥好吃，我妈老是说：“白肉么顶没吃头了。”

美国的鸡不一样，长得就不一样，美国女人的胸大，美国鸡的胸也大，个个长得像健美冠军一样，挺胸收腹。美国鸡的两片胸肉，可以做一大盘菜。美国的鸡胸不但大，而且嫩，富含水分就嫩。你还别说，这种速成鸡，主要成分就是水，所以不管是胸肉还是腿肉，都很嫩，特别适合不会做菜的朋友，因为烧不老，让你很有成就感。

美国人的确认为鸡腿不健康，所以鸡胸反而卖得比鸡翅鸡腿贵，最好玩的是美国的翅根卖得比翅中还贵，如果你去 Wingstop 买鸡翅吃，都要翅根的话是要加钱的。我有时在超市的烤鸡翅摊挑翅中买，美国人绝对不会为此侧目，多半会想碰上了个“洋盘”中国人，以同样的价钱买不值钱的部分。

美国超市中，除了整鸡之外，分割的只有鸡胸、鸡翅和鸡腿卖，没有脚没有内脏没有鸡壳子，除了少量拿到亚洲超市外，据说大量都出口到中国去了。美国鸡的脚也大，让广式茶点中的凤爪上了一个新的台阶。

超市中的鸡腿，有三种。一种是去皮去骨的。一种是琵琶腿，也就是“drumstick”，就是鸡的膝盖以下脚爪之上的部分，圆圆的一截，鼓槌，很形象。

还有一种，我们叫做手枪腿的，英文是“thigh”，大腿连小腿，像把手枪似的，也很形象。好玩的是，这种腿是最便宜的，COSTCO 卖起来是六块一卖，也不过几十美元而已。COSTCO 的东西很实惠，问题就是量太大，六包手枪腿，每包有三只，你总不能吃十八只大号炸鸡腿吧？我打算至少用它们来做六道菜。除了仿豪大大鸡排、左公鸡（腿）、盐水鸡（腿）、橘汁鸡（腿）(orange chicken)之外，我又“发明”了一道“番茄秋葵炒鸡腿”，味道相当好，今天说出来让大家也试试。

COSTCO的手枪腿是凑好分量的，一磅一包三个腿，买来量多，放在冰箱的冻库里，不能全放冷藏，你不可能天天吃鸡腿吧？时间一长，还是要变质的。把鸡腿化冻，洗净。然后去骨，用刀对着大骨切开，沿着骨缘切入，慢慢地把腿骨剔出来。

很奇怪的一件事是，上海的手枪腿有两根连着的腿骨，我在这里买的只有小腿骨一根，大腿骨已经被去掉了，这就使得去骨更方便了。不要指望拿鸡腿骨再烧个汤底出来了，这种鸡骨直接扔掉，想要利用就是浪费水浪费火。

把鸡腿切块，我是喜欢吃鸡皮的，所以直接就切了。如果有人不喜欢鸡皮，整张扯掉就可以了，鸡腿皮可能是鸡身上最容易扯掉的了。切大块，这种鸡肉水分多，容易缩，所以切得大一些，我是等分地横竖各两刀，切成九块，特别大的话就两刀加三刀，变成十二块。

把鸡肉块放在一个容器里，生粉、盐、黑胡椒，拌匀，拌到每块都沾到生粉，如果拌不匀的话，可以放一点点料酒，当水用嘛。

还要点秋葵和番茄，我用了两种番茄。二三十枚小番茄，也有叫樱桃番茄的，也有叫圣女果的，反正就是那种小番茄，每个对剖，把平的一面放在平底锅里，加一点点油，小火先烘起来。普通的番茄我用了两个小的，剁成泥，用来调味。据说番茄是天然食物中含“味精”最多的，只是不知道是在哪个范围里测定的，我觉得蛤蜊比番茄鲜多了，但有人告诉我那是因为蛤蜊含盐的缘故。

再切一点秋葵，把顶上硬的切去，然后也对剖，变成两个半只的秋葵。待小番茄软焦，把番茄泥和对剖的秋葵一起放到锅中，用小火烧着。

与此同时，起一个油锅，中等的温度，把沾了生粉的鸡块放入锅中煎；放了料酒的难炸一点，要把料酒炸干才行，不放料酒的，就方便一些了。

两个锅子同时进行，一边小火烧着秋葵番茄，一边中大火炸鸡块，鸡块多，要分几次炸，先把“壳”炸硬，捵出来，最后一起放在锅中炸，直到“金黄”。

把油滗掉，然后将一个锅中的东西倒在另一个锅中，随便哪个倒哪个都行。

然后开大火，炒。我的调味是一点点生抽、一点点醋，再加一点点糖。烧这道菜的时候，我正好开了一罐啤酒，随手就倒了小半罐到锅里，大火烧到半干，装盆上桌。

事实证明那小半罐啤酒起到了画龙点睛的作用，使得底部有了酸酸甜甜的汁，吃的时候每一块都从底下捵起来。由于炒得快，哪怕浸在汤汁中的鸡块还是有脆劲的，与秋葵搭配，很爽口的感觉。

有趣的是，那天我突然很想吃白煮蛋，上海人叫白煠蛋，但我又不想吃整只的，于是我煮了两个鸡蛋，每个切成四块，放在了那盆菜上面，居然还挺搭的，你不妨也试试。

烤鸡大腿

烤鸡腿就烤鸡腿，为什么是烤鸡大腿?

因为我犯了个错误!

还记得吗? 我贪便宜，在 COSTCO 买了最便宜的 chicken thigh，就是一份有六包，每包有三个的那种。总共十八个鸡腿，我得想法吃了它们，我做了仿熊猫快餐的 orange chicken 的 pineaplle chicken，用鸡腿代替鸡胸做了 Chicken Cordon Bleu，还做了番茄秋葵炒鸡块，那道菜非常成功，酸酸甜甜的很好吃，于是就写了一篇，你们在本书中也能找到。

在那篇文章中，我写道 COSTCO 的手枪腿最便宜，与国内的区别是只有一根骨头。今天回家打算做个烤鸡腿，结果打开包装仔细一看，原来我错了。

Chicken thigh 的确是最便宜的，也的确只有一根骨头，但它实际上并不是手枪腿，它是手枪腿去掉了鸡小腿之后的部分。鸡小腿，chicken drumstick，也就是我最常说的“鸡腿”，国内也有叫“琵琶腿”的。

所谓的 chicken thigh，不是圆的肉，而是一片，我们就称之为“鸡大腿”吧，上面还有一根腿骨，是靠近身体的那一根。

六包十八根，我至少得想六种吃法才说得过去吧? 上次说到过左公鸡、盐水鸡腿，加上这回说到的，还缺至少一种吃法，我不如直接来烤吧。

还是先去了骨吧，反正是块平的肉，上面有根腿骨，用刀也好，用剪刀也好，把腿骨去了，对于从《下厨记》第一本看到第七本的朋友来说，应该完全不成为一个“事”了吧？

腿骨去掉，洗净，沥干，自不必说。把三个去骨鸡大腿放在一起，撒上盐和黑胡椒，再撒上你家有的香料，莳萝、罗勒、百里香、迷迭香，都可以，不用特地去买，家里有什么就用什么，反正不要桂皮、茴香就可以，最好是各种香气的草本叶用香料，干的、新鲜的都可以。

拌在一起，拌匀，烤箱预热350华氏度。

烤盘，铺铝箔，刷油，放上鸡大腿，铺平，鸡皮朝上。鸡皮不健康，但鸡皮好吃啊，要把鸡皮烤得脆脆的才好吃。哎呀，金黄的、脆脆的鸡皮，想想就好吃。

慢，我其实没有直接把鸡腿放在烤盘上，而是放在了烤架上。

那天，我特别想吃香菇，我正好有上佳的金钱菇，就泡发了一些。可是我想不出怎么吃，不如就和鸡腿一起烤吧。是的，我用了烤盘，也铺了铝箔也刷了油，不过放上去的是香菇，平铺。然后我在烤盘中又放了个烤架，把鸡腿铺在了烤架的上面，然后用了张铝箔，把整个烤架盖上。

不用去管了，烤四十分钟，其间你可以准备别的菜，拌个色拉做个土豆泥什么的。配色拉土豆泥呢，就是西餐；配烫生菜加白饭呢，就是中餐。反正主菜是香菇烤鸡大腿，算是中西结合吧，西菜与中菜的区别在于烤鸡腿上桌时是切好的，还是要吃的人自己切的。

我有位朋友说哪有这么复杂的，还配什么还切不切的，他说：“配刀叉的就是西餐，配筷子的就是中餐，什么都不配的就是印度菜，你管人家怎么吃呢！”

好吧，你狠！

先烤四十分钟，鸡腿已经熟了，但鸡皮还没有脆。把温度调整到450度，把盖着的铝箔去掉，在鸡皮上涂一层油，我是用喷的，罐装的油喷，然后再烤二十分钟，金黄发亮，边缘会有一点点焦黑，恰到好处。

然后，然后就可以吃啦！配生菜色拉加土豆泥加白米饭加烫芥兰，再配刀叉加筷子加洗手水，我逼死那些强迫症的！

鸭膀三吃

出问题了，我是说：我出问题了。半年前吧，还是一年前，我在微信的朋友圈说：如果你的朋友圈中老是养生、励志、揭露真相、历史钩沉、中美冲突的话，那说明你交友出了问题，你交了很多你不必交的朋友，当然你会转发这些东西除外。

问题就出在这里了，最近我的朋友圈全是这些东西，反转基因的，盛赞阅兵的，甚至还有篇三观极其不正的《留学生：优秀激怒了寄宿妈妈？》，作者是“杨松一澍”，有个字与我的名字相同。文章就不转载了，有兴趣的朋友请自行搜索。文章是位高中留学生写的，她到美国，寄宿在一个收养了中国孩子的家庭中，在十个月中，她从互相看好对方，直到她被寄宿家庭赶出家门。

根据单方面的陈述来看，她努力做家务，在 SAT 和 AP 课的压力都很大的情况下，包下了家务：洗衣服和洗碗，她还教了那个被收养的孩子数学。

房东对姑娘很有意见，你都不和我们聊天，你都不和我们说话，你都不认同美国的物质现代化。

姑娘很委屈，我读书这么忙，我学生会这么忙，我都帮你洗衣服洗碗了，还要怎么样？

我觉得吧，这里的冲突真的很厉害。中国学生觉得底线是：我的 SAT 和 AP 都要考高分，我要在学生会有地位，这是起码的，然后才能谈人生谈亲情，可以聊别的。而家务活的分担，就是我对你的回报。

这个想法，我想大多数国人都会认同，特别是做家长的，学生不就该把书先读好吗？然而有几个中国人曾经想过，在学生成为学生之前，他／她是家庭成员，而且并没有因为成为学生之后就改变了这个身份，凭什么说成了学生之后就能淡化家庭成员的角色了呢？

家务很重要吗？在美国，也就是扔洗衣机扔洗碗机里吧？大多数的美国人，更能接受有一个开心的聊天却没有洗衣服洗碗的夜晚吧？在学业与亲情当中，中国人觉得学业是不可舍的，美国人认为亲情是不可舍的。

我这篇文章可能很多中国人都不认同不能接受，但我的确认为中国的孩子太不懂“舍”了，读书好就是一切了？读书好就可以不懂人情世故了？你的 SAT 和 AP 都是碾压美国人的了，你就不能稍微匀点时间来与人交流吗？

其中有个细节，有一次作者受伤了，到医院，结果房东太太不肯让她记在自己的保险上。我觉得作者之所以把这件事拿出来说，说明作者认为“这是个事”。这的确是个事，你的房东也是这么认为的，你生病了，你用你的保险，不论在经济上还是法律上，我都没有必要让你用我的保险啊！对于一个惦记着要用房东保险的房客，你觉得房东应该怎么做？

我有位朋友告诉我一个故事，有位中国人到了美国的大学，书本上的知识哪怕书本外的知识，全都滚瓜烂熟，所有的题目没有一道做错的，但是，但是，那个家伙没有得到 A，再怎么努力，都得不到 A。

那人去问教授，教授对他说：“我就是要让你知道，不是学习上的努力就能代表一切的，你与同学与老师的关系，你考虑过吗？”

很值得思考啊！

鸭子跑到了鸡的世界里，你说你游得好有任何的意义吗？今天我们就说鸭子，可惜，是死掉的鸭子，而且，鸭的翅膀比鸡翅膀要大很多，这么大的翅膀都不会飞，要翅膀干吗？

鸭翅膀与鸡翅膀有很大的区别，鸭翅膀的翅尖，顶尖与上面的一个小尖，都有一根很硬的刺，鸡翅没有，这根刺要拿掉。

具体的操作法是把买来的鸭膀放在水里煮，美国的鸭膀好便宜，每五个两美元出头点。鸭膀在上海是好东西，卖得要比鸭子贵，还不常买得到，在美国可能大家都不会吃吧，反而很便宜。煮到水开，再煮个十分钟，然后把鸭膀洗干净，把翅尖顶端与翅尖上方一个小翅尖前面顶出的一根尖尖的小骨折断，拔下来弃之。

我总是一买四盒，二十个鸭膀。说来有趣，鸡鸭翅膀，说到鸡的时候，就是鸡翅，说到鸭呢？就是鸭膀了。好玩！

二十个鸭膀，大约十美元，大家别嫌贵啊，是三截的鸭膀，我一个锅都差点烧不下。都做红烧鸭膀，会吃出事情来的，让我想一想，到底怎么干。

出过水的鸭膀，将之分开，中段是中段，膀尖是膀尖，翅根是翅根。具体的做法是，拿个鸭膀起来，左手捏着翅中，让翅根在右面，让翅中与翅根的那个关节顶在砧板上，成为一个当中连着皮的“V”字形，拿刀竖着从当中连着的皮往下切，一直切到底，那里是关节的连接处，一刀往下，可以轻松地切开关节，把切下的翅根放在一起。

再分割翅中与膀尖，但关节的方向不一样，就不能像切翅根那样了，切不动的。把它平放在砧板上，也是个“V”字形，开口朝外，右手捏刀，把刀根抵在V字的底部，左手在刀背上一拍，就轻易地斩开关节了，也分开放置。

翅中的背后，往往有些没有拔净的小毛，将每一只上的小毛仔细地拔去。现在你有了膀尖、翅中与翅根三堆东西了，你也可以称之为膀尖、膀中和膀根，反正你我都知道说的是啥。

鸭子有股特别的腥味，上海人称之为“鸭骚气”，所以一般都要用点香料来盖过去。我把三样东西放成了三个菜，分别是糟膀尖、卤鸭膀和烤盐水鸭翅根。

先是把膀尖放到冷水中，煮到水开后，立刻把膀尖拿出来，浸在冰水中，待膀尖完全冷却后，用冷水洗去浮油，然后把膀尖放入一个小的自封袋，倒上糟卤。我家中常备宝鼎的糟卤和醉卤，这个牌子还有种辣糟卤，出奇的辣。不知道是哪个失心疯的想出来的，上海的糟就是讲究清清爽爽的，为什么要加入个辣味来喧宾夺主呢？真是画蛇添足。

接着呢，把翅根都擦干，然后拿出花椒盐，把每个翅根都蘸上盐，再一起放进一个自封袋中。花椒盐是用花椒和粗海盐一起炒的，我也是家中常备，没吃的了腌个五花肉腌个鸭腿啥的，很方便。腌大块的肉要用重物压着，以便让水分渗出来，翅根是小品，就免了这步啦。

主角是当中那段，最好吃的部分，做卤鸭膀。加陈皮，做陈皮卤鸭膀。找个大锅，把出过水拔过毛又洗净的鸭膀放入，加水盖没，一条桂皮、三颗茴香、三片香叶、三粒丁香、一小把十来粒花椒、四个干辣椒，外加一大把蜜饯陈皮，前段时间国内来人带给我的，很香很甜却不怎么酸的陈皮，其实我更喜欢酸一点的陈皮。然后是生抽、盐、冰糖和糖，一次性所有香料、调料都加好，然后点火烧，待水沸后转成中火，烧一个小时左右。我是开着盖烧的，那是我的习惯，大家要是盖着锅盖，要相对减去一点时间，可能三刻钟就够了。

我是喜欢酥烂的鸭膀的，从小吃苏州好婆的“软食”吃惯了，大多数朋友喜欢吃稍微硬一点、更有嚼头的鸭膀，那样的话，估计半个小时就可以了。别和我说用筷子戳戳看鸭膀是不是扎得过，鸭膀肉薄且嫩，就是生的，你用根尖一点的筷子也扎得过，烧熟不入味，没有意义的，因此至少还是要烧煮些时候的。

烧好关火，就让它们浸着，上午烧好到晚上吃，还有些许温温的，正好。有人喜欢吃冷透的，那就在吃前两小时左右把它们从卤汁中拿出来，自然放凉即可。

糟的膀尖也可以吃了，还有个翅根呢，别忘了。

吃之前两小时，把翅根拿出来，洗干净，从上午腌起，实际上腌了五六个小时。洗净之后擦干水分，再放入自封袋中，倒一点点老抽，再腌一个小时。烤箱预热到华氏450度，把翅根平铺在烤纸上，烤二十五分钟即可，其间看一下颜色，如果上色不够就再刷一层老抽。

这样，就有了糟膀尖、陈皮卤鸭膀和烤鸭膀根，再配个蔬菜，就是丰盛的鸭膀宴了。

前几天看到Wingstop的菜单，一家专卖各式鸡翅的连锁快餐店，他们家的鸡翅，翅中与翅根是各算“一个”的，一份“十个”的鸡翅其实是五个翅中五个翅根，如果你全选十个都要翅根，要加一美元。居然有人觉得翅根比翅中好吃？果然东西方是不一样的，上海的菜场里，翅根几乎就是扔掉的东西啊，因为翅中已经把钱都赚到啦！

光是一个鸡翅，中国与美国都不一样，这根本就是不同的价值观。价值观与人生观、世界观、爱情观、亲情观一样，很多时候是没有对错的，然而，入乡就要随俗。

你硬是要不随也可以，我们可以说你不忘初心，但请不要怪主人，入乡不随俗，永远是过客。

剩下的火鸡

这篇文章开头少啰唆一点，因为我们要说很多事情。感恩节就像我们的大年夜，是个“普天同庆、阖家欢聚”的节日，美国人其实也和中国人一样，家庭聚会就是吃。感恩节要吃火鸡，就像年夜饭必有全鸡全鸭一般。全鸡全鸭还好，火鸡可厉害，小的十几磅，大的几十磅都有，一顿肯定吃不完，所以如何对付剩下的火鸡是门学问。

大家有兴趣可以上网找一找，经常有“32 ways to eat leftover turkey”之类的文章，32法，78法，99法，都有。但要是你点进去看，这些法子不外汉堡、三明治、通心面和比萨。和生菜一起夹面包与和番茄一起夹馍是算两种吃法的，大排面和小排面可以算是两种面，但咸浆和淡浆不能算是两种把黄豆处理掉的办法吧？而两种不同浇头的面也不能算是两种面制品呀！

继续，我们要“真价实货”地来。

先从烤好的火鸡说起吧，整只火鸡端上桌，好看是好看，但是吃起来不方便。什么？在上面插把快刀让大家自己切？我们是文明人，不动刀动枪的。有许多朋友烤得很好，但是切得不行，好好的东西就打了折扣了，我们先说如何拆切火鸡。

“拆切”，包括“拆”和“切”两个部分。火鸡大，而且烤好之后很酥，你没法像白斩鸡那样把火鸡剁成小块。就算行，按比例也要比鸡块大得多了，也没法连骨塞进嘴巴啊！

先来把火鸡分开，挨个把两只火鸡腿割下来，不要扯，用刀割，否则支离破碎。把火鸡翅膀也同样地割下。把火鸡背朝下，烤的时候也是背朝下的，所以不用动，在胸前入刀，笔直切入，把胸骨劈开，刀不好或是刀工不好的，用剪刀也行。

胸骨打开后，把火鸡整只掰开，把肚子里塞的东西盛出来。火鸡的肚子本来是空的，为了防止烤的过程中塌瘪，就需要塞填一些小块的填充物把它撑起来。老外有用面包块的，有用洋山芋的，这些都是主料，配料有芹菜、洋葱、胡萝卜等，都调好味拌匀了往火鸡肚子里塞，这个东西叫stuffing，就是填充物的意思。

老外对火鸡的stuffing很是津津乐道,每家都有“祖传配方”,都有“妈妈的味道”。我见过最牛的一个填充物是个塑料软球，把球塞进火鸡肚子后再打气，可以很漂亮地撑起来，不过那是偷懒的做法了。

我烤火鸡喜欢用香菇和糯米,加少许酱油和糖,容易得多了,也好吃。把火鸡的内脏煮后切块拌在一起，很香。

现在把火鸡整个打开了,很容易把糯米饭取出来,要仔仔细细取干净,热的时候比较容易拿。火鸡一顿是吃不完的,剩下的火鸡还要做许多文章,如果混进了米饭，在另一道菜中会很奇怪,甚至引起洁癖人士的肠胃不适,因此一定要拿干净。

然后，把火鸡胸拆下来。火鸡的胸像半个圆球，在球的底部割圈，位置在火鸡翅根的下缘，割半圈就可以了，因为另外半圈在开膛时已经割过了。

如果烤得好，是完全脱骨的，轻轻一提，就可以把整块鸡胸拿起来了；要是没有完全脱骨，把刀塞入鸡胸下面，将之与胸骨分离；如此把两块大胸都取下。

把火鸡胸放在砧板上，把刀磨快，然后切片，不要太薄，大约比手机再厚一点的样子，太薄的话易碎易散。要切得厚薄均匀，切好的片也要码放整齐，最方便的码法是将切好的片照原样拼好，往边上一推摊平，用刀平着塞入肉下，扶着把火鸡胸肉移到盆中。

两片鸡胸，可以装很大的一盆，足够七八个人吃了，中国人的家庭聚会，怎么可能只有道火鸡呢？等火鸡上桌，大多数都吃不下了，你懂的！万一不够，我说的是“万一”，那就把火鸡腿也加上好了。

火鸡腿很大，我十几年前第一次吃火鸡是在迪士尼乐园，买了个火鸡腿三个人一起吃才勉强吃完，可想而知。用手拿着火鸡腿，大头冲下抵在砧板上，左手捏住鸡骨，右手拿刀倚住鸡骨下刀，一切到底，就是小半爿一大片火鸡肉了；对的，“小半爿”和“一大片”并不冲突。

把对面的小半爿也切下来，两只火鸡腿共有四爿，同样切片码盘，两只火鸡腿又是一盘。

尽兴的一夜过去，剩下来的事，吃的人不管了，烧的人发愁了，处理掉剩下的火鸡绝对是门学问。

有阁主在，不成问题，我们要实打实地用“不同的吃法”来解决掉。

继续“拆”吧，你还有大的火鸡壳没有解决掉呢。首先，把火鸡皮撕下单独摆放，然后，再把火鸡架上的肉用手扯下，白肉归白肉，红肉归红肉，拆得不必太干净，尽管大刀阔斧地去干好了，反正肉多，拆下来的肉不比一盘火鸡胸少。

找个大锅，放入拆出来的火鸡骨，然后放水盖过，点火烧沸后改用小火炖煮，不用多少时间，汤就变成乳白色的了，那可远比河鲫鱼汤浓厚了，用的时候，还要适当加点水。

把汤滤出来，用网也好纱布也好，我不管了，反正滤得干干净净的，可以分几袋装好放在冰箱里，随用随取。怕油的朋友只要把汤盛在盒中再冰在冰箱中，待汤冷却后揭去表面的浮油即可。

现在我们有七样东西：火鸡汤，火鸡皮，白肉，红肉，连皮的白肉，连皮的红肉，煮过的火鸡骨。连皮的红肉白肉是隔天剩下的，还记得不？就是腿和胸呀！

七样东西，那搭配就多啦，白肉炒红肉是一道，红肉拌皮是一道，七样东西的排列组合有五千多种，他们居然只想得出几十种，太笨了。

这是开玩笑，我绝对不会如此来充数的！

先把煮过的火鸡骨扔了，那已经没用了，除非有人打算磨成骨粉来补钙。

找一个洋葱，切成丝，拿一点白肉，不带皮的，切成小块。起油锅，煸洋葱丝，放入火鸡白肉，加葱油加糖，炒得半干半湿起锅。下一碗面条，用火鸡汤做汤底，撩入下好的面条，再放上浇头，这是第一种吃法：洋葱火鸡汤面。

第二种，绿豆芽火鸡丝拌蛋皮，这道菜其实在《下厨记》的第一本就出现过，只是那是用鸡做的，现在改成了火鸡。将不带皮的红肉扯成丝，拌上烫好的绿豆芽和蛋皮。蛋皮可以粗切也能细切，甚至可以切成“蛋屑丝”，就是将之切到最细的丝，不必讲究纵向的完整度，切出来的东西，是一蓬松松散散的寸许长短的屑，用手抓一抓松，也很好吃。调个酱汁，花生酱、糖醋汁都可以，喜欢吃辣的朋友调个蒜蓉辣油汁也行，反正，你喜欢就好。

汤底还有呢，一个火鸡的骨头拆出来，烧个几袋汤是绝对没问题的。

记得还有火鸡皮吗？稍微扯扯散，放在汤中煮一下，加盐，加入粉丝，烧滚后下豆苗，离火撒胡椒，就是一道鸡皮豆苗粉丝汤。我不会烧个粉丝汤算一种吃法，再烧个豆腐汤算另一种吃法的，火鸡骨汤，就是个汤底，你想怎么用都可以。火鸡骨汤浓厚且肥腻，要加水稀释，最好加入吸油的蔬菜或豆制品。这是第三种吃法。

第四种吃法，是拍脑袋的，结果很好吃。带皮的白肉红肉切块，块不要太小，小了难搛，起油锅稍微煸一下，小油锅；再准备点虾，要大虾，油里也煎一下。加椰奶，加泰式绿咖喱，煮沸即可，放两张柠檬叶，香甜可口又别致。这道菜的变化太多了，大虾，可以连头也可以不连，有壳没壳都行；放不放椰奶也是不同的风味，还可以加土豆呢，再放点芹菜也行啊！东南亚乱炖，是为第四种。

西洋乱炖，用煮好的通心面加番茄酱、起司碎和去皮的火鸡白肉，加盐少许，拌匀后华氏350度烤制大约半小时，再用高火几分钟，待表面发黄就好了。这是第五种吃法。

汉堡、三明治应该算是同一种“处理”的方法，你爱怎么夹就怎么夹，放些生菜番茄黄瓜片起司片，都可以，怎么好吃怎么来。

受此启发，我又做了一道“海鲜夏卷”，就是《下厨记》第六本中的《越南春卷》，照方抓药，再加一点去皮火鸡腿肉就是了，很好吃，一点也不突兀，喜欢吃的可以多做几个，这是第七种吃法。

第八种是咸泡饭，苏州话叫“并百汁”，听上去有意思多了，实际上是同一个东西。咸泡饭是上海人家对待剩菜最厉害的方法，就是把剩菜剩饭一股脑儿放在一起，加点水煮透，好几种味道混在一起，别有风味。

第九种是我受了咸泡饭的启发，做的“火鸡肉菜饭”，说是菜饭其实并没菜,只是做法差不多。用无皮的白肉红肉,都切成小块;取两罐大米,洗净。大家知道我家中常备小虾仁、青豆和玉米,没菜的时候随时可以拿出来变个菜。于是我起了个小油锅,把小虾仁、青豆和玉米一起放入锅中煸炒,虽然没有化冻,可是它们颗粒小,一会儿也就熟了,把火调大,放入火鸡肉一起炒,再适当地碾得碎一点。最后,把生的大米也倒在锅中,加盐一起炒,炒匀之后倒在电饭锅中,并且加水,水面大约比物料稍高那么一点点,接着把电饭锅调到“烧饭”档,等到按钮跳起,把饭翻松,盖上盖子后再烘个五分钟,就好了。成品粒粒散开,鲜香扑鼻,是个很不错的处理方式。

再受了第九种的启发,我想与米饭一起,还可以做成粽子来吃,这样一想不得了,只要把外面的东西换一下,就可以变出许多花样来,饺子、馄饨都可以;甚至还可以用玉米叶包玉米粉再包火鸡肉,做成中美洲著名的Tamale,译成什么?墨西哥粽子?这是第十种吃法了。

我其实还做过第十一种,是个盖浇饭,才几个月过去,就彻彻底底地忘了是怎么做的了,只记得勾了一个薄薄的芡,然而着实不记得到底是与什么东西同炒的了,等我以后想起来了再说吧。

就这样,算是凑了十种吃法,等明年,我再来想十种不同的吃法,那时这本书已经写好了。

各位有什么好主意,也一定要告诉我哦!

橙花鸡

美国的中餐店，据说比麦当劳和肯德基加在一起还多。边看电视边吃中餐外卖，已经成了美国生活的一部分。

洛杉矶的中餐店分成两种，给老外吃的，给老中吃的。那些给中国人吃的中餐馆，是几乎没有洋人踏足的，难得有个把，不用问，一定是个中国人的女婿，这些老外，筷子用得比 ABC 还好。这种中餐馆，相对来说，做得比国内的饭店还正宗，这种店的老板和厨师大多“不思进取”，菜肴的做法始终保持在他们离开中国的一刹那。如今国内的餐饮只重其表不视内涵，反而在国外有些中餐馆保持了原汁原味的朴实的做法。这些馆子，有的连一句英文都不会说，从老板到店员，都不会英文，他们压根就没想做老外的生意。对了，这类饭店，通常还只收现金。

还有种店，是只做老外生意的中餐馆，小豆正在打工的就是这样的一家，她负责接订餐电话，然后把英文的点菜单写成最容易懂的中文单子交给厨师，要的是速度。比如“饭”是写成“反”的，“蛋”则是“旦”或甚至画个圈就行。

一开始的几天，小豆天天在背菜单，我说你的这点英语还搞不懂中餐的菜名？要知道她可是裸考托福 105 分的人，菜有什么难的呀？小豆跟我说：“那些菜，你连想都想不出。”这怎么可能？我好歹也算个美食家了，会不知道中餐的菜名？

“你知道什么是 Moo shu pork 吗？”小豆问我。

“嗯？木樨肉？就是黄瓜炒肉片加蛋加黑木耳呀！”

“哈哈，不对，Moo shu pork 是薄饼包猪肉，还有 Moo shu beef 和 Moo shu chicken，就是面饼包牛肉、面饼包鸡肉。”小豆答道。

嗯，这不是 taco 吗？

“你知道什么是 Egg foo young 吗？”

“芙蓉蛋？这个我拿手了，蛋清打发后炒的，有位美食评论家管那个叫炒蛋泡。”

“不是啦，是圆的蛋饼，里面有肉有蘑菇什么的，素的是用卷心菜、豆芽和蛋做的饼，然后可以炒可以做汤。”

呃，上网一查，是印度尼西亚的中餐特色菜之一。

“你去熊猫快餐，那些菜你叫得上名字吗？”小豆追问了一句。

是哦，说来汗颜，我每次去熊猫快餐，都是指着一盘盘的菜，说：“我要这个这个，不对，黑的这个；还要那个，黄的黄的……”对着一堆“中餐”，却连一个名字都叫不上来。

噢，不对，熊猫快餐中有一道菜，我叫得上来，那就是 Orange chicken，橙花鸡。

大家可能听说过一个故事，美国的给老外吃的中餐馆中有一道菜，叫“左公鸡”，英文是“General Tso's chicken”，传说是左宗棠发明的，或者他家的厨师发明的，几乎所有的美国人都能说出这道著名的中国菜。然而在中国，哪怕你去到左宗棠的老家湖南湘阴（对，是阴不是阳），也找不到有人听说过这道菜。美国华裔作家 Jennifer 8. Lee，就特地去到湖南湘阴，找到了左宗棠的老宅，来探寻左公鸡的源起，最后自然也是无功而返，中国根本就没这道菜嘛！后来她把这个经历写到了她的《签语饼》(*The fortune cookie chronicles*) 一书中。

对了,给老外吃的中餐馆都有签语饼,一个在美国的日本人发明的只有在美国中餐馆才有的东西。

左公鸡曾经很流行,但现在已经越来越少了,因为葱、姜、蒜、酱油、干辣椒的调味,不是太能迎合老外的口味,至少在洛杉矶,这个天天艳阳的地方,大家更接受橙花鸡,橙花鸡是从左公鸡上化出来的一道菜。

大家很喜欢橙花鸡,很多老外都在学,还分享"copycat"的经验。"copycat"什么意思?是个流行词,"山寨",山寨谁的?就是山寨熊猫快餐的,熊猫快餐是做橙花鸡最有名的一家。

橙花鸡很容易做,取三只鸡大腿。还记得吗?我在COSTCO买了一份六包的鸡大腿,每包一磅三只鸡大腿,而我又要想出六种吃法来,这是其中的一种。

鸡腿化冻,洗净,去骨,去皮,切成麻将大小的块,我们叫"麻将块"。找个碗,把切好的鸡肉放入,撒点盐和黑胡椒,抓匀。

调一个面浆,由鸡蛋、盐、生粉和面粉组成,放鸡蛋可以使之膨松,生粉使其发脆,面粉则是松软,所以生粉与面粉的比例可以调整,生粉越多越硬越脆,但纯是生粉的话挂不上糊,要靠面粉来黏,大致的比例是两份生粉一份面粉。面浆的厚薄是刚好能裹住鸡肉而不滴下来。

起个油锅,把鸡肉浸到面浆里,一块块地拿出来,放到油锅中,炸牢面粉即搛出来,放在一边。待所有的鸡块都炸牢了面粉,将所有的鸡块一起放入油锅中炸,直到外壳变得金黄。

然后另取一个锅子,放入一点点麻油,一点点生抽,几勺糖,白醋和米酒,现挤的橙汁,不够的话再加一些水,一点点是拉差辣椒酱,以及新鲜从橙皮擦下的碎粒。擦橙皮有专门的工具，叫做 zester，和擦姜蓉的东西是一样的，当用来擦起司时，它就改名叫 grater 了。当然要细究起来还是有点小差别的，然而不讲究的话，你不用两种都买。

把这些东西一起放在锅中，调味得当，建议酸一点甜一点，然后放水淀粉勾芡，玻璃芡，再把炸好的鸡块放入酱料中，翻炒均匀，最后淋点麻油，即可上桌。

我还做过一种菠萝鸡，无非就是不放橙皮而改用菠萝汁和切得很小的菠萝粒，也同样很好吃。

熊猫快餐还是不错的，就是 Panda Express 啦！加州的本土品牌，现在已经开到了很多国家，但是他们老板说了不会开到中国去，他说他希望熊猫快餐可以开到全世界的每一个国家，就是不开到中国，简直“辱华”。

他不开过去，我们自己做！

烤鹌鹑

上海人以前是不吃鹌鹑的，可能解放前有过，因为当上海突然有一天出现了鹌鹑的时候，老年人是认得出来的。哪怕出现了之后，一开始，上海人在家里也是不吃鹌鹑的。鹌鹑最早出现在上海的庙会上，我说的并不是上海历史长河的跨度，我说的只是我成长过程中的所见所闻。

我出生以后的很长一段时间里，是没有“庙会”的，“庙”的本身，都已经被作为“四旧”全都“破”掉了，有的成了粮仓，有的成了学校。

反正，没有庙，自然也就没有庙会。不过有游园会，游园会在公园里，每到春节、五一或是国庆，都会布置起来，让大家去玩。游园会还不是人人都能去的，要有票子，至于票子是买的还是单位里发的，我并不知道。反正每次有游园会，父亲都会很得意地表示他弄到了票子，那说明有门票是件很有面子的事。那时“文革”已经结束，只是一切尚未恢复。

现在想来，游园会应该不怎么好玩，无非就是在公园里逛逛，有些写春联之类的表演，有些棉花糖之类的小食品，没有热狗没有鹌鹑。另外，还有各种打汽枪、套圈圈之类的游戏，那时在公园里打汽枪是合法的。好像玩游戏都是不要钱的，但也要票，票是可以赢来的，猜谜语就可以，我的父亲那时对灯谜很有研究，所以我们可以碾压性地赢很多票，玩很多的游戏。要是现在再弄此类的游园会，我想小孩子一定会觉得没劲透了，可那时大人、小孩都是玩得不亦乐乎的。

别急，鹌鹑还早呢。后来，上海一下子发展起来了，不但有了庙会，还有了小吃节。小吃节的形式一直保持到了现在，就是找一个地方，排开各种的摊档，大家可以买了吃，和现在许多小城市的“烧烤一条街”“美食街”差不多。小吃节上有各种东西，却没有烤蚝、没有烤扇贝，那时上海人的吃法除了羊肉串，没别的东西是烤的。小吃节居然没有烤的，想想也是挺好玩的。

我已经忘了小吃节上都有些什么了，除了用自行车钢丝串的烤羊肉串外，大多数东西是炸的、蒸的、煮的，银耳羹、粽子、各种糕团。对了，还有龙虾片，每隔两三个摊位，都有个卖现炸龙虾片的，那简直是幼时最常吃的零食了，与爆米花齐名啊！后来，长大了些，在80年代初的时候，依然不是有太多的东西吃。

小吃节还在进行着，并没有多少东西，连炸臭豆腐还没流行起来呢，最受欢迎的东西，是炸麻雀。对的，你没看错，麻雀那时还是“四害”之一呢，小吃节上很多摊档卖炸麻雀，但吃的时候要小心，有的小鸟身体里会有颗铅弹，不小心会崩了牙。

小吃节中，最最高档的，要数炸鹌鹑了，我不记得价钱了，反正是个很贵的数字，很多人家是买一只给老人吃，老人再扯个腿什么的给小孩子分享一下，很少有人会独吞一只鹌鹑的。如果说麻雀只是过过“肉瘾头”的话，那么鹌鹑就是“肉宴”了，那可是大块的肉啊！

如今想来，小吃节上的鹌鹑应该是野生的，那时连鸡都没有大规模饲养，那是个连鸽子都是信鸽的时代啊！我的两个舅舅当时养信鸽参加比（赌）赛（博），硬是把自己的口粮省下来换玉米喂鸽子，我的小舅舅更是靠卖掉了一只得了名次的鸽子娶妻生子，那是后话了。

后来，很后来了，菜场中有活的鹌鹑卖了，上海人也买，但只有一种吃法，就是加火腿炖汤，没有在家炸鹌鹑吃，更没有人去烤鹌鹑。就在我离开上海的那一年，大多数上海人吃的烤制食品都不是家中自产的，烤鸭、电烤鸡、日本韩国朝鲜烤肉、新疆人羊肉串，都不是家里自己做的，家中有烤箱的朋友，基本上烤到鸡翅膀，也就结束了。

洛杉矶是个神奇的地方,我在华人超市中看到了兔子、鳄鱼、野鸡、野鸭，甚至还看到了犰狳，被当作穿山甲来卖。大家好像除了对于“狗不是食物”达成共识之外，其他的东西，好像都挺无所谓的。噢，对了，加州禁食鱼翅，我的一个朋友坚持认为这是种变相的种族歧视。

至于乌骨鸡、鸽子等，就更不稀奇了，虽然老外不怎么吃。特别是基督教信仰的人不吃鸽子，因为圣灵就是以鸽子的形象显现的，而且诺亚方舟最后就是由鸽子衔来橄榄枝显示人类获救的，所以鸽子是“圣鸟”，很多人都不吃的。

我还在亚洲超市中看到了鹌鹑，一托盘六只，毫不犹豫地买了一盒，小时候吃不起，现在我要好好过个瘾。

过去，鹌鹑的处理是简单粗暴的，它不像鸡、鸭、鸽子，是去毛的，而是剥皮的，直接把皮剥了，省得麻烦。印度人吃鸡也剥皮，印度的鸡很小，不比鸽子大多少。这回在99大华买的鹌鹑，居然也是去毛的，大大出乎我的意料，现在人工这么不值钱了吗？

买来的鹌鹑，已经处理得很干净了，每只上面会有两三根毛，更像是说明不是剥皮而是去毛的，将小毛拔去，冲洗干净。鹌鹑很嫩，不必像鸡翅那样腌制很久，那样反而会老。

先将烤箱预热，450度，华氏。

这时，找一下家里有什么酱料，COSTCO买的照烧酱，亚洲超市买的烧肉酱，甚至就是辣酱油（上海人说的辣酱油，是 worcestershire sauce），随便挑个自己喜欢的口味，抹在鹌鹑身上，要是鹌鹑刚洗了很湿，先用纸巾擦干。在美国的中国人，很多会有老外超市买的混合香料，买了却不知道怎么用，你也可以用来烤鹌鹑，把混合香料抹在鹌鹑身上，再撒上盐。我一般不高兴仔细抹香料或是酱料，我总是找个大碗，宜家的不锈钢碗，把六只鹌鹑都放入，倒入酱料或香料，颠匀即可。我试过各种的酱料与香料，都很好吃，我本来就口味淡，鹌鹑的关键在于嫩。一白遮百丑，一嫩赛百味。

调味抹匀，颠匀也行。在烤盘里垫张铝箔，抹一层油，我是买的食用油喷罐，很好用，一喷就是了，放上鹌鹑，然后在鹌鹑上盖一层铝箔。

这就放进烤箱去烤，450 度，烤二十分钟，正好家中种的罗勒吃也吃不完，我摘了两大把放在一起烤，那叫一个香啊！西式罗勒没有什么特殊味道，就是有股好闻的香味。

二十分钟以后，把烤盘拿出来，把烤箱升高二十五度；掀去盖着的铝箔，用把小刷子给鹌鹑刷上一层老抽，薄薄的一层，不取味单用色。不用整只都刷到的，只要刷鹌鹑躺在烤盘里朝上的那面就可以了，刷完老抽，再喷一层油。

我没有设定时，我是凭感觉的，把烤盘放回烤箱，这回不用盖铝箔了，烤五六分钟的样子。然后把烤盘拿出来，把每只鹌鹑都翻个身，同样地刷上老抽，再喷油，再烤，也是五六分钟的样子。

你要是看着烤箱，你会发现鹌鹑表面的油在哧哧地跳动，对的，要的就是这感觉。把烤箱关了，烤盘不必急着拿出来。这时，你可以热一下盘子，准备一点配菜主食什么的。

等盆子准备好，再把鹌鹑拿出来，如果是分食制的，那么一盘中还有色拉土豆泥之类的，鹌鹑不会显得太突兀，要是把六只鹌鹑并排放在一起，就有点难度了。

我的做法是用六片生菜，成花瓣形放在盆中，然后每片上放一只烤好的鹌鹑，这样看起来不至于太滑稽。

这是种很随意的烤法，甚至调味都没有固定的搭配，需要稍微有一点基础的朋友来随机应变，但是其实却不难，照我这个时间和温度来，最多就是味道上有所区别，在老嫩上却几乎是“零失败”，我建议你可以试试。

烤鸭，那就难得多了，我们得把它挂起来烤，这就作为一个“科研项目”吧，大家一起来研究研究。

醉　鸡

有位朋友问我醉鸡怎么做，我几乎没法回答，醉鸡？那不就像是问我饭怎么做一样吗？一件普通得几乎想不起来怎么详细描述的事。这就好比你去问个老司机车怎么往前开，估计他也会呆一下的。

大家知道，我开过私房菜馆，周末的时候一天一桌的那种，八个冷菜、八道热菜，再加一个汤、一道点心那种。我给私房菜定了个规矩，就是不标榜有机食材、不排斥转基因，我要教会大家好吃不好吃与有机和转基因与否没有任何关系。

我还给自己定了个规矩，就是不用味精。味精没有毒、没有害，对于大多数不太会烧菜的人士来说，味精是样很好的东西，只要放一点点，在味觉上可以使菜提升很多，我不反对业余人士使用。然而，味精会“教坏”一个厨师，当长期使用味精之后，没有味精他都不知道怎么做菜，所以我说用了味精的菜是没有“格”的，菜，也要有“菜格”。这是个审美的问题，就像女人的好看应该是自身的美丽，而不是靠化妆的，一旦开始化妆，就会越化越浓，最后染上“卸妆恐惧症”，害怕卸妆，害怕卸了妆给人看到。味精就是这样，不要骗自己了，鸡精、蘑菇精都是这样。

没有味精，我改用鸡汤，一桌头的私房菜是不可能真的来吊个高汤的，高汤一吊就是几十斤，压根用不完的。如果你去吃私房菜，老板对你说哪道菜用高汤做的，千万不要相信，就算十六道菜全用到高汤，也用不了多少的。

在我开私房菜的那段时间，我一般是早上八点多一点到菜场，骑着我的“老坦克”。我总是先买一只鸡，鸡是在一个苏北人开的黄鳝摊买的，那时上海不准卖活鸡，那人把鸡藏在高架桥下面，有熟客去买就偷偷去拎一只来。他的东西都很贵，态度恶差，除了黄鳝和鸡外，也卖甲鱼，有时有老太太去问他甲鱼什么价钱，他直接回答：“侬吃勿起呃！”

他的鸡也很贵，不过东西实在相当好，鸡油多、鸡肉香，特别是久煮之后鸡肉还能食用，很不容易。我总是一到菜场，就去他那儿报到，看杀完了鸡，再去买别的东西，一般第二站是爱森肉铺，买五花肉和肋排，五花肉做红烧肉，肋排做糖醋小排，这两道都是招牌菜，基本上每回都烧的，有时还在这里买猪肚或猪腰，我做的汆腰片客人们很喜欢。去好肉铺，是豆制品摊，烤麸、豆腐衣、素鸡之类是常买的，经常翻着花头做。豆制品摊边上是冻禽摊，凤爪、鸭舌之类的，要是做八宝辣酱，鸭肫也在这里买。

然后呢，是海产摊，小黄鱼啊，白鲳啊，墨鱼啊，反正采购单上有什么，就照着买。采购单是打印的，我写了段小程序，与客人商量好菜，只要在菜名前打个钩，就会自动打印出一份采购单来，主料、配料都有，节省了大量的时间，也免得丢三落四忘了东西，十六道菜要几十样东西。私房菜从开业到我离开中国，做过218道不同的菜式，其中包括一道原料是“米”的“白饭”，还有一道有十二种原料的“李鸿章杂碎”。

买完海产，就回到卖鸡的地方，鸡已经开好膛拔了毛了。拿了鸡，我就回到厨房，把鸡洗干净，开始煮鸡，将五花肉出水，要是有猪肚，也是第一时间煮的。

等到鸡汤烧滚，就改到小火，然后回到菜场，买蔬菜和葱姜什么的。我的自行车网兜已经够大了，一次还是装不下的。我其实一天至少要去三次菜场，到下午的时候，开席之前，还要去买一回黄鳝、活鱼、活虾、活蟹，那些东西都是事先定好的，否则去晚了不能保证有货。后来水产摊的老板和我熟了，他会在六点一刻左右给我送到店里来。

我去过一些私房菜馆，奇怪的是，这些地方的厨房都是“闲人莫入”的。我不懂为什么私房菜的厨房不能让客人看，我的场子就是饭桌与厨房在一起的，当中用移门隔开，如果客人愿意，可以打开移门，可以全程看着我做菜。我做的私房菜是全程透明的，有好几次客人从早上买菜开始跟着我，我不明白为什么要把私房菜弄得神神秘秘的。

等我再次回到店里，鸡汤还在烧着，这时大概是十一点。先要把“吃辰光”的东西烧上去，红烧肉、糖醋小排、猪肚、虎皮凤爪之类的东西。等灶头都占上，就开始处理剩下的食材了，剪金针菜的根、批小黄鱼、备葱姜水，很多很多细碎的小活，我是个手脚很快的人，但预处理食材还是相当花时间的。

到下午一点半的样子，红烧肉与鸡汤都好了，其他的食材也备得差不多了，冷菜正在进行中，要用到水的地方都用现烧出来的鸡汤，所以我的素菜大多数是荤的。再过一个小时，冷菜也就差不多了；两点半，可以睡两个小时。

一桌菜，真正花时间的是冷菜，别小看冷菜，像虎皮凤爪、糖醋小排、鱼冻、酱鸭之类都很花时间，只要冷菜做好，心就定了。热菜倒反而快，大多数是热炒，就是一炒头的事情，还是老规矩，要用到水的地方，就用鸡汤，所有的汤羹菜，都是鸡汤的底。

每天都有只鸡，所以我会给客人上锅鸡汤。有时客人不要鸡汤，要酸辣汤，要三鲜汤，要老鸭汤，那样的话，当天的鸡就多出来了，我就把鸡拿出来，剁好，然后整齐地码在不锈钢碗里，放黄酒浸没。厨房里的不锈钢碗有专门的名字，叫做“码斗”，好时髦的发音。

那就是醉鸡呀，看到吧，这是个随手做出来的东西，连米饭还是特意为客人准备的，而醉鸡只是个副产品。我用的黄酒，就是厨房中的料酒，最普通的黄酒，如果大家要做醉鸡，千万不要用那种很高档的黄酒，那种酒加了焦糖增色，你会做出个黑黑的醉鸡来的。做醉鸡，就是普通的黄酒，再加一点点盐、一点点糖。吃口淡的人，不放盐也行，不喜欢甜的人，不加糖也成，反正实在是太简单了。

如果你特地要做醉鸡，那完全没必要买我这种要久煮的大鸡，买童子鸡就可以了，至于黄酒，沈永和的花雕就足够好了。鸡买来，洗干净，冷水下锅，浸没鸡身，点火烧鸡，待水开后再煮二十分钟左右，用筷子插一下鸡胸位置，要扎得穿且不带出血丝来。在煮到十五分钟左右的时候，你可以准备一大锅冰水，待鸡煮好之后，直接把鸡拎出来浸到冰水中。

待鸡冷透，一两个小时之后吧，你又不急，让鸡在水中浸着好了。把鸡拿出来，洗净表面的浮油，然后剁开，剁得整齐漂亮点，然后整齐地码在一个小而深的容器中，倒上黄酒，加盐、加糖。为什么要先剁？你想呀，整只鸡要浸在黄酒中，那得要多少酒？知道饭店里为什么醉鸡总是在一个小钵斗里上桌的吗？那是先剁好了码在里面的。斩好的鸡，排在一起，怎么样放在碗里，就怎么拿出来装到盆里，不要东一块西一块地分开，那是大锅菜的做法，大锅菜没有醉鸡的。

在洛杉矶，我没有找到好的黄酒，但是有宝鼎的醉卤卖，我就用那个做。咦？不是说不要用好黄酒么？但我也没说要用不好的黄酒做呀，洛杉矶有种方瓶的黄酒，台湾人做的，太难喝了，我已经不用黄酒做料酒了。

另外，鸡的话，我用一种 22 盎司的玉米饲小鸡，很嫩的鸡，水开后一刻钟都不用就行。我是整鸡浸在醉卤里的，因为它实在太小了，放在一个自封袋中，只要一点点醉卤，把自封袋中的气挤掉，就全浸在卤中了。

如果是切开醉的，一般一两个小时后就可以吃了，整鸡浸的话么，时间再长一点，一般不要超过六个小时，什么要浸过夜之类的全是瞎说，醉鸡是夏天的食物，过去没有冰箱怎么让卤菜过夜？所以一定是当天做当天吃的。

这篇文章是说不要将私房菜与醉鸡神秘化，所有的菜都不该神秘化。

有人听说过醉火鸡吗？我准备试一试，打破醉火鸡的神秘感。

猪柳蛋

前几天，网上出来一篇文章，说是有位华人在飞机上“偶遇”美国空军大佬，结果“惊诧”于美国高官不坐头等舱，不住高级宾馆，说是怕“纳税人质疑”，然后那个华人以此感叹这个那个云云。

这种文章，我一看就是假的，这是典型地用中国的思维来考虑美国的事物。美国政府官员出差，有一个叫 per diem 的东西，简单来说就是“出差津贴”，其中包括两部分，一是“lodging”，也就是住宿费，另外一部分是“M&IE”，是给个人放进口袋的津贴。美国军政的 per diem，有两个主要的制定者，一是国务院（Department of State），另一个是国防部（Department of Defense），这两个 per diem 在 loding 部分是一样的，M&IE 的部分国务院高于军方。

每个国家、每个城市的 per diem 是不一样的。比如，美国政府工作人员到上海的出差津贴是住宿 259 美元，津贴是 143 美元；而军方人员出差，住宿是一样的，津贴则是 114 美元。

美国的军政 per diem 是公开的，每年都会更新，然后在网上公开。各大酒店集团就会根据公开的 per diem 来调整政府协议价，恰巧就是那个 lodging 的价格，基本上都是一分不少一分不多，少了赚得就少；多一分也不行，多了政府人员就住不起了。

因为工作的关系，曾经有那么十来年，每年有半年在出差。每回出差前，我们的财务就要给我算 per diem，出差前先拿百分之八十的钱，回来后再报销。十来年中，住的几乎都是五星级酒店，除非那个城市只有四星级，在出差上，我和军方大佬是一样的，因为我们的lodging经费是一样的，我的津贴还比他高呢。

我住过最贵的是印度的班加罗尔，364美元的住宿，奇怪的是，东京才266美元，印度居然这么贵。全世界最高好像是非洲的安哥拉，住宿405美元，津贴170美元每天，美国政府照样住得起五星级。Lodging是要付给酒店的，而M&IE即津贴是可以放进口袋的，最高的是委内瑞拉的巴基西梅托（Barquisimeto），每天有299美元，谁派我去那儿出差个一年半载啊？

碰到特殊状况，比如开世界重要会议，APEC或G8那种，酒店普遍涨价，那时per diem就会上涨，最多可以涨到平时的三倍。所以总的来说，在美国军政任职，出差还是个很开心的事。

我住过大量的酒店，要不是美国政府不允许兼与工作有关的职，我都可以成为酒店评测员了。对于一家酒店的好坏，我的评判标准很简单，就是自助餐中的煎蛋，是活人现煎的，还是事先煎好的猪柳蛋。

政府per diem中的lodging中，是包含自助早餐的，好像只有日本的东京JAL酒店是不含自助早餐的，他们包点单现做的免费早餐。除了这家之外，好像都是有自助餐的，自助餐反正都大同小异，最大的区别就在煎蛋上了。

有的酒店，有专门的“蛋摊”，做煎蛋做炒蛋做“杏利蛋”，而有些则没有，只有事先做好的。那种蛋是在一块大铁板上，放着一个个的铁圈，每个铁圈里有个鸡蛋，一次煎几十个，煎好了放在自助餐盘中下面加着热，让大家自己拿。

我管这种蛋叫猪柳蛋，后来才知道错了，因为我最早看到这种蛋，是在麦当劳的猪柳蛋汉堡中，就是那种一块猪肉饼一个滚圆煎蛋加张起司的汉堡。我以为那蛋就叫猪柳蛋，其实猪肉饼才是“猪柳蛋”中的“猪柳”。

我实在没想到猪肉饼也能叫猪柳，“柳”在广东话里是“粗里脊肉丝”的意思，在这里变了饼，压根没意识过来，我还以为是从“jelly”音译过来的，所以我决定，我就管这种煎蛋叫“猪柳蛋”了。什么？不服气？不服气来打我！我打 911！

我曾经非常痛恨酒店中的猪柳蛋，因为大多数猪柳蛋都煎老了，不再是溏黄的了。记住，是“溏”，“不凝结”的意思，不要用“糖”。

后来，我发现，那玩意对于不会做菜的朋友来说，还是很不错的，没本事把边煎得脆而不焦，至少可以煎个有样子的蛋出来，把火候掌握好，还能保证个个都是溏黄的。

那种铁圈，淘宝有卖的，然而我建议你不要用，没事在家里做个快餐蛋算什么事呀，我们要做一个能漂漂亮亮摆盘的猪柳蛋出来。

用洋葱，现成的多好呀，我不是叫你特地拿个洋葱做这道小品，最好是你正好要做道菜，要用很多洋葱，那就“借”一点喽。

洋葱切大片，横着切，大概小手指宽的厚度，一个洋葱可以切好几片，挑几个大小相仿的圈出来，剩下的，切丁切块随意。

找个平底煎锅，放一点点油，油不用多。什么？圆底的行不行？行，洋葱要留着圆的顶切下，一次只能放一个。咱别闹了，圆底的可以做荷包蛋。

在平底锅中放上洋葱圈，视大小可以一次放两到三个，开中火慢慢煎，煎到洋葱圈发黄，每个圈中打入一个鸡蛋。不喜欢洋葱发黄的，一开始就可以打入鸡蛋。

开着中小火慢慢煎，如果洋葱切口不够平整，蛋清会渗出来，不用急不用怕不用动，让它慢慢煎着就可以了。

煎到啥时候？煎到蛋清从透明变白，蛋清是从外到里慢慢变白的，等变白的进程到达蛋黄的边缘，就可以关火了。如果有人觉得太生，可以再煎一会会儿，然而我劝你不要煎到全熟，全熟的是汉堡店做法。

连着洋葱一起上桌，撒盐洒酱油都可以。要是把洋葱去了，又没花头了，弄来弄去，都是为了点花头。

不过美国军政人员的出差，真没啥花头，所有的费用信息都是公开的，奉劝某些别有用心的，不要再拿这个做文章了。

田里长的

Menu

酸辣牛油果

凯撒色拉

拌薄荷

红柚淡菜色拉

白灼生菜

大刀色拉

快手南瓜

BLT色拉

芋泥

酸辣牛油果

从小就知道，东北有三宝，人参、貂皮、乌拉草。据说加州也有三宝，塞车、加税、紫外线。自然这是个笑话，真要说加州有什么著名的土特产的话，可能会是：红提、橙橘、牛油果。

我很喜欢吃葡萄，不管有籽没籽都喜欢，当然最好是没籽的。我以前不喜欢吃葡萄，关键是没吃到过好吃的，直到1994还是1995年去山西太原，吃到了清徐葡萄，一下子爱上了这种水果；记得非常清楚，当地人读成“清虚”，我直到今天写文章，一查，才知道是“徐”。

有人知道我喜欢吃葡萄，每回知道我要去，就买了葡萄等着。然而，每回买的都是提子，也就是常说的美国红提，我不喜欢吃提子。葡萄的肉软皮厚，一挤一吸就到嘴里了，然而提子肉硬皮软，你得耐心地剥去皮才行，由于肉硬，籽也不易与果肉分离，反正就是个麻烦。

提子，就是加州特产，不但是加州特产，现在流行的美国红提这个品种，就是加州州立大学研发出来的；如今在中国北方除了黑龙江和吉林二省之外，都有大量种植，是很好的经济作物。

加州也有葡萄，而且大量种植，只是加州的葡萄都用来做红酒了，也让加州成为美国当之无愧的红酒之乡。

橙橘是柑橘类的总称，就是橙子、橘子、柠檬、青柠之类的东西。我所居住的格兰朵拉市，最早就是由于橙橘业的发展而兴起的，先是在山脚大量种植，而后更一度成为全世界最大的橙橘的包装基地。直到现在，我们市里的大学还叫做 Citrus College，是全洛杉矶郡的第一个社区大学，有人戏称那是“橘业民工子弟学校”。

加州的橙子很有名，产量也大，说到美国橙大家都会想到“新奇士”，这个就是本州品牌，总部也在大洛杉矶地区。

还有，可能大家没想到的，就是牛油果了，这个黑黑的玩意，居然里面这么好看。牛油果，是加州的特产，著名的寿司加州卷就是在洛杉矶的小东京被发明出来的，这种加了牛油果的寿司如今已经风靡全世界了。

美国对牛油果的需求增幅超快，2000 年还只是十亿颗，仅仅四年就到了四十亿颗；全美的牛油果有百分之九十五出自加州，同时也为全球提供了百分之八十的需求。

如今，所有的商业牛油果树，都继承于一位洛杉矶邮递员 Rudolph Hass 当年种下的那棵。你可能想象不到，在 Hass 种下牛油果苗之前，市场上卖的牛油果是绿皮的，好看却不好吃。1926 年，Hass 从 A.R. Rideout 那儿买了三株牛油果苗，在嫁接了几次均告失败之后，Hass 打算将树砍掉，因故而未实施。后来，就像所有的传说故事那样，其中的一棵变成了“超级牛油果”，果肉肥厚细腻，然而果皮却变得难看无比了。再后来，这棵母树成了全球牛油果的祖宗，可惜它在 2002 年因根部腐烂而死了。

牛油果很好吃，除了空口直接吃外都好吃，加州卷自不必说，牛油果酱（Guacamole）是很多朋友的心头之好。牛油果被认为是“上档次”的食材，不管什么东西，只要加点牛油果，价格就能上浮个百分之三十，餐馆老板何乐而不为？于是色拉中加了牛油果，通心面中加了牛油果，卷饼中也加上，三明治中也多一层，甚至魔鬼蛋也改用牛油果了。魔鬼蛋很好玩，我们过几天就来做。

今天我要给大家介绍一种调料，与牛油果简直是绝配。厦门人习惯用荔枝、菠萝、芒果蘸酱油吃，更能体现水果的风味；然而你用牛油果去蘸酱油试试，还是没有味道的牛油果与咸咸的酱油，你会发现二者并不能融合到一起。什么？把牛油果捣碎拌酱油？算了吧，我保证你看了那颜色就不会想要吃的。

这种调料叫做 Tajín Clásico Seasoning，译成中文就是“Tajín 经典调味粉”。Tajín 这个词，可能来自 El Tajín，那是墨西哥的一处玛雅遗址，保存得相当完好，年代大约在六百年至一千二百年之间。该城遗址中神庙、宫殿、足球场、金字塔等建筑物一应俱全，是一处世界遗产，国内一般称之为“埃尔塔欣”。

Tajín 是一种调味粉，装在一个类似于矿泉水的瓶中，瓶口有个小网，免得一下子撒出太多。Tajín 粉是用辣椒粉、脱水青柠汁和海盐做成的，这种搭配在墨西哥菜肴中普遍使用，甚至还可以做成一种叫 Michelada 的鸡尾酒，百威啤酒有数款叫做 Chelada 的产品，就是这个玩意。

至于牛油果与 Tajín 粉的搭配，很容易。把牛油果剖开，去核，去核不用硬挖，拿把刀正向砍在牛油果核上，如果刀够锋利力气够大的话，果核会“咬”住刀口，拿着刀一转，轻轻提起，核就与果肉分离了，然后剥皮切片，装盆，撒上 Tajín 粉即可。

有种专门的牛油果刀，长得奇奇怪怪的，前面是一个薄片，用来剖开牛油果，刀的当中有个环，套住果核就可以将之提起，刀的尾部是一排栅筛，顺着果皮从头撸到底，牛油果就整个地被切成片了，很好用。建议喜欢吃牛油果的朋友常备一把。

凯撒色拉

大家知道，我一直反对把食物神秘化，我反对任何事物的神秘化，我甚至反对宗教神秘化，密宗除外。有什么不能放在阳光下摊开来看、摊开来说的呢？开咖啡馆的爱吹他的豆子有多难弄到，开私房菜的喜欢说他的猪和鸡是怎么觅来的。这年头，能进入商业流通领域的都不是什么稀罕事物，没人愿意在欢场中听一个姑娘的家世，因为谁都知道那是个假故事。

神秘，源于无知，甚至是没有常识。这几天开始热炒油鸡纵了，要知道那玩意在昆明，是要到鸡纵吃厌了，也长老了，快落市了，才大量采买了来做的。那个时候的鸡纵口感变差，但香味出来，所以正好做油鸡纵。这个道理很简单，谁会去用新鲜绝嫩的笋做笋干啊？都是吃得差不多了，最后一拨拿来做的，这是个"聊胜于无"的事情。

也是这帮子炒"嫩时鲜油鸡纵"的人，还炒作过"松茸油"。松茸只有在新鲜的时候有些微的香气，熬成油后，那些香气就散了，我也真搞不懂那些说松茸油香的家伙，你是蠢呢，还是坏？

所有的神秘，都是因为见识少，我不是站在制高点骂人，我自己也无知过。三十多年前吧，读琼瑶的小说，里面说到样东西，叫做"香蕉船"，我就觉得很神秘，香蕉与船，八竿子打不到一块儿啊！直到十多年后，也就是 1999 年，我在上海一家新开的西式餐厅吃到了香蕉船，才解开了疑惑。

那家店，叫做新元素，当时开在淮海路上，襄阳公园的对面。我记得很清楚，我要坐在路上的室外位子上吃的，不过就是个有香蕉的冰淇淋，说清楚了，就不神秘了。

后来，新元素遍地开花，办公室的楼下就有一家。我但凡与陌生人见面，一般就约在办公室下的那家新元素。大家都不认识，约个午餐，一小时左右，吃一点不会做坏的东西，谈几句场面上的话，有缘，再深交，不是挺好。

新元素中有道永远不会出错的东西，是凯撒色拉，其实大多数西餐店的凯撒色拉，都不会错。好吧，我想说的是，不会错得太离谱。

凯撒色拉，是一种再普通不过的美式色拉了，我没想到国内居然对这道东西，都能“神秘化”一下，来源啦，诀窍啦，会讲故事的人就是厉害。

我们知道，欧洲有个名人，叫做凯撒，是位罗马的独裁者，他的侄孙及养子屋大维成为罗马帝国的第一任皇帝。咦？好像辈分有问题！管它呢，能做皇帝还管什么辈分。这位凯撒，与本文没有任何关系。凯撒色拉，是由一位意大利裔的 Caesar Cardini 在上世纪 20 年代发明的，在美墨边境的某个小饭店发明的。

“Caesar”，那个罗马独裁者，按照古拉丁语读作“凯撒”是没问题的，但是“凯撒色拉”就要读成“西色色拉”，否则别人会听不懂的。好吧，也可能听得懂的，老外说“Malad Town”，我们也知道是麻辣烫。

有好多小清新的文章，说生菜要怎么选，酱汁要如何做，就连面包干的面包要怎么新鲜做出来都有讲究。

哪来这么多讲究啊？你会为了咸泡饭特地用哪种米哪种水哪种锅煮个饭吗？不就是有剩饭剩菜加在一起煮一煮吗？家中的面包吃剩了，不想再吃了，要么做西式乱炖，也就是 casserole，自从我发现这个词与某种药物的上海话发音很近后，我就不再做西式乱炖了。那么多出来的面包，就只剩做成 crouton，也就是小方块面包干。

吃剩的面包，切成小方块，有人说要切这么大，也有人说要切那么大。我告诉你吧，面包块的大小完全是由面包的新鲜程度与含水量来决定的，含水量越大越紧致，越能切得小；要是面包不够新鲜了，也就是说硬了，你只能切大块的，因为小块就全散了。新鲜的面包没法用菜刀切，而要用面包锯来锯，否则面包就给压扁了。不新鲜的面包是可以用菜刀的，甚至用菜刀碎屑还少一点。

找个平底锅，倒一点橄榄油，切两三瓣的大蒜头，切成薄片，把大蒜片放在橄榄油里加热，油温不要高，橄榄油本就是低温油，不宜过热。我喜欢用很多的橄榄油熬不少的大蒜头，熬好了放在梅森瓶中，随吃随用，就像葱油一样。是的，冷藏的没有现熬的香，但也差不了多少，别把蒜油神秘化。

等到蒜片发黄，把蒜片搛到梅森瓶中，再倒入蒜油，锅中留一点点，薄薄的一层即可。把面包块一块块拿起放入锅中，碎屑不要放进来，用小火，慢慢翻炒，不要颠锅。我知道你颠锅水平高，但不要颠锅，面包会碎掉，慢慢用个勺子，仔细翻炒。

面包会越来越硬，你感觉得到的，听声音也能听出来。撒点帕玛森起司碎，有人说要现磨的，当然新鲜的香味更浓厚一点。等到面包块全都硬了，撒上盐和黑胡椒粉，待其冷却。冷透了可以放在自封袋中，随时可用，甚至都不用放冰箱，谁高兴每次做凯撒色拉都熬制一回蒜油，煎炒一次面包干啊？这种面包干很松脆，当零食都不错呢。

各种版本的中文凯撒色拉方子，都把凤尾鱼说得神乎其神，好像没有了凤尾鱼就不是凯撒色拉似的，而且都要煞有介事地引用一下凤尾鱼“anchovy”的拼写。据Caesar Cardini的女儿Rosa说，其发明者是反对使用凤尾鱼的，凯撒色拉的根本，就是罗马生菜、面包干，以及生蛋黄与蒜油和辣酱油的酱汁。

辣酱油，是上海人所说的辣酱油，就是Worcestershire sauce，也就是广东人说的“李派林喼汁”。虽然辣酱油和Worcestershire sauce是两种配方两家公司生产的，但可以互相替代，不要将辣酱油神秘化。

生蛋黄与蒜油是什么？说到底，就是蒜味蛋黄酱呗，加上配方中的柠檬汁就是蒜味美纳滋呗。我相信肯定有很多“垃圾食品抵制者”会骂我的，美纳滋在他们眼里是那么的不健康那么的滥大街，而亲手用生蛋黄和油调出来的酱，怎么着也高大上多了。美食人士是不屑于美纳滋的。我能说什么呢？是的，市售美纳滋肯定有很多防腐剂，你开了一瓶放在冰箱中，一年也不会坏。但你知道生鸡蛋有多少细菌吗？是的，各种方子会说要买什么什么的鸡蛋，但是医生告诫我们不要吃任何的生鸡蛋。

我们在反对神秘化的同时，也反对妖魔化，反对妖魔化美纳滋，反对妖魔化生鸡蛋。这完全是由时间决定的，有时间的话可以特地去买最新鲜的“无菌”鸡蛋，可以慢慢地调出好的蛋黄酱，有时间干什么都成，没有时间的话只能用美纳滋做底，再没时间生菜直接拌酱麻油加醋也能吃。

好吧，这是《下厨记》，不是《美食没有那么神秘》，所以我们还是来做一道凯撒色拉吧。

凯撒色拉的关键，在于温度，一份温热的生菜色拉，就像是一瓶温热的啤酒，那是会翻脸会掀桌的东西啊！在做所有的事情前，把罗马生菜洗了，小的两棵，大的一棵，差不多就够了。不要直接切生菜，当把叶子一片片掰下来，近芯子的地方菜叶变黄，因为那里被遮住了进行不了光合作用，不要使用那些变黄的。有的教程说要用芯子，我猜那是想当然以为菜芯比较嫩吧，可是一碗黄而不绿的凯撒色拉是引不起食欲的。

横着切块，大约比一指节宽一点点的样子。最外面的几片很大，这么切法会变成长长的一条，你得先把菜叶对剖，然后再切。色拉达人又要说了，老外从来不这么干的，是的，老外的嘴比你大得多啊！切好的生菜，放在冰箱中，至少冰上半个到一个小时，不到上桌，不要拿出来。

面包干已经做好了，放在一边待用。蒜油也有了，在蒜油中加一个鸡蛋黄，挤一点柠檬汁，加入一小勺辣酱油，再放帕玛森起司碎和黑胡椒粉，几片大蒜，用食物料理机慢速一打，就成了凯撒色拉酱。是的，就这么简单，上海人以前打蛋黄酱讲究什么一个方向，不能快不能慢不能换方向，其实也是神秘化，没有那么多的讲究的，现在有了食物料理机，不要舍近而求远，不必追求“古法手作”。

然后就简单了，找个大碗，要大，把生菜拿出来在大碗中与做好的酱拌匀，再盛到另一个碗中，上面放上面包干就完成了。

“玩色拉”的说要用木碗盛，而且要用蒜片擦拭木碗内部，可以让大蒜精油渗入到木头中去，我在想，你们家的碗一定是专菜专用的。

喜欢凯撒色拉有凤尾鱼香味的，买瓶装盒装小凤尾鱼，取三四五六条放在料理机中一起打，就成了。

放上鸡肉，就是鸡肉凯撒色拉；放上培根，就是培根凯撒色拉。它只是一个不知道点什么时一般不会出错的东西，没啥稀奇的。

说小笼包“一定”要有多少褶子的，是中国人；说凯撒色拉“一定”要怎么做的，还是中国人。

我算是服了中国人了。

拌薄荷

我是个很相信“努力”的人，一个人想要干一件事，只要坚持，采取科学的方法坚持，总会有些成果的。有很多人在退休后学钢琴、学画画，都有不错的成绩，努力使然。

但我不是一个“纯努力论”的人，很多人花了比别人多几倍的努力，收获却很少，有时并非方法不对，而是没有“天赋”。有些半红不红的小明星出了点不良新闻，粉丝们说：“你们没看见我们家谁谁谁有多努力吗？”首先，不努力不见得能红，但努力了谁也没保证过一定会红；其次，努力并不是不良行为的借口。不红还出丑，“努力”你就有理了？另外，不管偶像红不红，他或她都不是你们家的，别把自己不当外人。

种花养鱼，我就是个很“努力”的人，我从小“养死”过的花花草草鸟鸟鱼鱼虫虫，大概有上百个吧，除了个别叫做“黄蛉”的鸣虫养得还行，就是小时候家里买了大闸蟹给我一个玩，我都没养活过。因为没有天赋，所以我用了“养死”一词，而非“养活”。

后来搬到了洛杉矶，有一次做越南米纸春卷，就买了一棵薄荷，在摘了一些用去之后，还剩下一棵剩了点老叶的秆子，看看还是好好的植物，扔了也怪可惜的，于是我将它种在了花园中。

一年过去，一株小小的薄荷，现在已经成了一大片，少说也有三四十枝，这还是我经常炒牛肉放一点、海鲜汤放一点的结果。并不是我努力，而是南加州的气候就适宜长这些香草，什么薄荷、百里香、迷迭香，个个都长势喜人。

上海菜中，以前是没有新鲜的香草的，要说有，就得把“葱”也算进去。上海人以前用的香料，都是干货，茴香、桂皮、香叶、花椒，反正都是干的。

上海人也用薄荷，也是干的，主要是用秆子，干的薄荷秆子，与水同煮，放凉了在吃绿豆汤的时候倒一点，很是清凉。上海人对于“薄荷”二字，拆开读分别是“勃”与“和”，但是摆在一起就要念作“蒲呼”，很是好玩，现在大多数年轻人已经不会正确念读“薄荷”二字了。

第一次大口吃薄荷，还是在云南。驱车路过一家羊肉店，吃的是打边炉，一大口锅用电磁灶架着，把切好的生羊肉烫着吃，配菜呢，则是一篮子的薄荷，连着叶子的嫩枝。羊肉很好吃，但吃多了总会有点腻吧？然后就烫薄荷吃，不但爽口，而且满嘴生香，是相当不错的体验。一下子连着烫了三四回，一篮子薄荷就没有了，于是想再点一份，结果才知道原来薄荷是不要钱的，畅吃！

老板才不怕你吃得多呢，这玩意在云南和加南都特别容易长，薄荷有“分枝”的奇能，一长就长成一大片，虽然店中一棵也要些钱，但实际并不值钱。“加南”是我乱起的名字，“南加州”的意思，为求工整也。

太多了，怎么办？吃呗，不是据说中国人眼里是不分动植物，只分食材与非食材的吗？中国人还打算把丹麦泛滥的生蚝吃成濒危呢！外来侵入的小龙虾和牛蛙在中国要靠人工繁殖才能延续物种，何等悲壮啊！

吃薄荷，最简单的就是凉拌，单是纯拌薄荷若显单调，我们就和香菜一起拌吧，取个英文名字叫：mint salad with cilantro。

去花园里采个四五枝或五六枝薄荷，再采个三四枝香菜，假设你种了这两样。因为薄荷是只用叶子且是主角而香菜枝叶全用，所以香菜的量要少一点，成品中香菜占薄荷的一半左右即可。自家种的，应该很干净，把薄荷的嫩叶摘下，浸洗，香菜同样洗净。

去水，甩干也行，擦干也行，吹干也可以，反正，尽量不要有水。把香菜切碎，长点短点都成，我是切到大约半公分的样子。将香菜与薄荷叶子拌在一起，加少许白糖、一点生抽、一点醋，淋些麻油与辣椒油，拌匀，就成了。

放在一个大碗中拌，拌匀了再搛到盆子里，反正不要有太多的酱汁。生油和醋都要用颜色淡的，颜色太深就失去了薄荷的“轻盈灵动”。

这道菜是个“轻口味”的菜，麻油与辣椒油都是“点”一下即可，那样才能体现出薄荷独特的香气与味道。口重的朋友，可以稍微加点蒜末，但切忌喧宾夺主，一点点意思一下即可。

注意，这道薄荷说的是一种淡绿色的叶片较圆的薄荷，一般称作“sweet mint”或直接叫“mint”；还有一种叶片较胖头上尖出来的，是“spearmint”，也就是我们常说的“留兰香”味，这种薄荷味道太冲，不适合这么拌来吃，否则像吃了一嘴牙膏似的，可别怪我。

最后，说一句：千万别把努力当成果，莫将热情认才华。

红柚淡菜色拉

这是道菜，不是色拉！在中国人的眼里，菜就是菜，色拉是色拉。老虎菜就是老虎菜，不是“香菜洋葱花生米色拉”。

在洋人看来，但凡不点火的有蔬菜的拌酱吃的，都是色拉。哪怕要点火，只要蔬菜不是熟的且占比不少，还是色拉，凯撒色拉加鸡肉加牛肉都是熟的，但其中的 romaine（生菜）是生的，所以它就是色拉。

所有的凉拌菜，在老外眼里都是色拉，就连腐竹拌香菜，也是色拉，因为里面有生的蔬菜。这还算客气的咧，就是拌海带，把海带切成丝，撒点蒜末拌拌匀，也是色拉，叫做“seaweed salad”，这回一点蔬菜都没有了，可照样算色拉，用郭德纲的话：“上哪说理去？”

说回中文，所有英文中的“色拉”，放到中文就一个字“拌”，拌萝卜皮、拌萝卜片、拌萝卜块、拌萝卜丝、拌萝卜缨、拌萝卜条、拌萝卜秧，太多萝卜了，吃着“心潮”。“心潮”是句上海话，就是微微肚饿的意思，也指低血糖的状态，所以“心潮”的时候，最好吃些甜食。

我们今天的这道就甜甜的，还酸酸的，单独吃的话不见得吃得饱，但是点饥是没问题的，要是把汁配上饭，两碗白饭也是没问题的，这是道宜酒宜饭的好菜。

主料是淡菜，看过我书的朋友应该知道，我很喜欢吃淡菜，英文叫做 mussel，COSTCO 中买起来好大一包，还是活的，而且把“鱼网”都扯干净了，冲洗一下就能烧。COSTCO 样样东西量大，一顿能吃个一半已经很不错了。

剩下的怎么办？在水里烫熟了，把肉剥出来，放在冰箱中，随时可以做各种好吃的，奶油淡菜通心面，听上去就不错吧？

还可以做这道淡菜色拉，大家如果上网查，一般淡菜都是连壳上的，唯有我这道是剥了肉做的。因为网上的都是在饭店吃的，留着壳看上去很大一盆；我这道是做了自己吃的，不讲卖相，只要好吃。实际上，我的这道也很好看，原料还扎实呢。

要二三十只淡菜，现剥的最好，如果是隔天剥好或是冻库里拿出来的，先解冻待其回到室温。

光有淡菜，好像稍嫌单调了一点，我喜欢放一点虾，同样在COSTCO买吧。有一种两磅装的大虾很好，生的凤尾虾，有两种，一种个头大、一种个头小。挑大的买，包装上标明每磅有几只，看一下即知。注意，COSTCO也有熟的虾卖，与生的放在一起，包装还很相似，大家要注意分辨，一种带蓝色，一种带粉红色。国内的朋友方便多了，去菜场买个半斤活草虾，去头去壳留着尾巴就可以了。

烧一小锅水，待水沸后放入生虾，同时放入淡菜，等水再沸直到淡菜张开就好了，滤去水，把淡菜肉剥出来，壳弃去。事实上我要懒得多，我总是拿个平底锅，滴入几滴油，然后把没有化冻的虾直接放几只进去，平铺在锅里，虾受热会有水出来，瞬间被灼干，接着有水再流出来。一开始我压根不用去管，待水出得少了，我就把火调到中火，放入淡菜，然后把虾翻面，虾的一边已经有点焦痕，这样的效果最好，比单纯的红白色的虾肉要更有感觉。

对了，在做这些事情之前，还要做很多别的事，既然这道菜要用葡萄柚做，那首先就得有个葡萄柚。葡萄柚是一种皮黄色或红色或黄中带红但果肉是红色的柚子，果肉深红、淡红、粉红都有，我不知道为什么叫葡萄柚，我只知道英文名叫“grapefruit”。葡萄柚很多地方都可以买到，还是我经常说的，要挑沉的、重的、新鲜的。买不到葡萄柚？没关系，沙田柚也行。泰国金丝柚？我觉得味道也会很好的，实在啥都没有，你要是能找到个文旦，我也不会反对的。文旦不是柚子！非植物学分法！如今文旦可比柚子难得多了。

把葡萄柚的皮剥去，一瓤瓤地掰开，再撕开外面的薄衣，把里面一丝丝的果肉取出来，尽量取大块的，一瓤碎成两三块的样子最好，尽量不要再碎了。把剥好的葡萄柚放在一个容器中，我很不愿意写这句话，偷懒的话，就放在砧板上好了。

然后就容易了，找个大碗，放些水，加点糖拌匀，稍微甜点没关系，这道菜最早的版本来自泰国，泰国人很喜欢吃甜的。在大碗中加鱼露，还有是拉差辣椒酱，调整到一个自己喜欢的味道。鱼露要多一点，这道菜的“原版”是不加水的，但我觉得太浓了，所以先用水来化糖，效果倒是不错的，但水不能太多，大约和鱼露的量差不多，也就是稀释了一倍的样子。

是拉差是泰国的一个地方，但在美国的话，说到是拉差，指的是汇丰公司生产的一种辣椒酱，一个泰国人在美国从家庭作坊生产到前十大的辣椒酱，是个很励志的故事，我哪天有空会写篇心灵鸡汤出来的。是拉差，拼作“Sriracha”，据说很多美国人不会读，但中国人只要照着“是拉差”读就是了，不过要照广东话来念哦，简单说，不要念成“siri 拉差”，要读成“c 拉差”，“siri”已经被苹果公司注册掉了。是拉差不是很辣，稍微多放点没有关系。

小米椒，泰国小米椒，也就是越南小米椒、云南小米椒，拿两三颗剪碎，放在汁水中。这玩意可就辣了，操作时小心。

把汁水拌匀后，将红柚、淡菜与虾一起放到调味汁中，浸泡片刻，其间要翻动几下。然后用夹子把主料撵出装盘，汤汁可以盛在小碗中另上。

吃的时候，现切一个柠檬，把柠檬汁挤在菜上，更添风味。

这道菜可以有很多变化和调整。家中有薄荷的，可以一起拌入，增添一点清香；没有淡菜的，用青口也行，用大蛤蜊也成，我还做过红柚章鱼色拉。

甚至还可以做出素的版本来。噢，不对，鱼露是荤的。什么？西柚加芒果加木瓜加白醋加糖加辣椒？别闹，那是水果色拉。

白灼生菜

我很喜欢去 COSTCO，几乎每周都去报到，基本上每次都买一箱橙子、两盒番茄，与西芹、胡萝卜、苹果、菠萝等搭配着打果汁喝。对了，还有啤酒、红酒、威士忌，都得备点。坚果也是家中不缺的，另外起司、意大利火腿、萨拉米，都是家中随时可以拿出来的。再有凤尾虾、虾仁、牛排也是基本库存，吃完了就去 COSTCO 添上。又有各种洗涤用品、盥洗用品，也是从 COSTCO 买的。去得多了，以至于家人说我“像跑娘家一样”。

有人可能会觉得大卖场的东西不好，便宜肯定质量差，所以有很多人选择 Whole Foods，或者便宜点的 Sprouts，最不济的至少也得 Trader Joe's，特别是追求有机食物的朋友们。

其实，大家有所不知，COSTCO 是全美最大的有机食品经销商，根据 2015 年的数据，COSTCO 占了美国有机食品销售额的百分之十，达到了三百六十亿美元。不但如此，COSTCO 还是全球最大的法国红酒进口商，年销售额达到十亿美元，超过世界上任何一家酒商。

COSTCO 是一个怪物般的存在，它是美国十大加油站之首，也是美国最大的比萨餐厅之一，虽然各种比萨餐厅的榜单上都没有 COSTCO，但它事实上仅次于 Cici's 和 Chuck E.Cheese，排名第十。与此同时，COSTCO 还是美国最大的汽车经销商之一，厉害吧？什么，COSTCO 还卖车？是的，它不但卖车，还卖棺材呢，COSTCO 卖包括棺材在内的葬礼所需的任何东西，这才叫牛呢。

棺材好像是COSTCO卖出的东西中唯一不接受退货的东西，别的，都可以退，用过也可以退，吃过也可以退。有一次，我在COSTCO买的砧板一裂为二，已经用了一年多了，上网一查，说是终生保修，于是我就拿到COSTCO问怎么办，结果COSTCO说你可以自己把板寄到厂家去，也可以直接退给他们，那我当然就退给COSTCO了，进场再买一块。

COSTCO实在是好，唯一的美中不足，就是量太大了，鸡腿一磅一包六包一卖，牛肉糜一磅一包三包一条，就连泰诺，都是三百多片一卖的，我估计一辈子都吃不完吧？

COSTCO的生鲜蔬菜是在一间单独的房子里卖的，各种生菜、芦笋、菌菇、甜椒、豆子、樱桃、草莓等，这间房很冷，小豆子每回要去COSTCO，都会带件外套，就是免得“冻死在”那个小房间里。

我很喜欢买那里的生菜，新鲜，不管是球生菜，还是罗马生菜，都很好。然而，都很多，球生菜三个一包，罗马生菜六棵一包，你不想点花头出来，还真吃不完。

就拿罗马生菜来说，今天凯撒色拉用一棵，明天BLT用一棵，后天，做几个三明治夹点生菜，可能还用不了一棵，人少的家庭，就是这样。到第四天，还剩三棵半，天天吃生的生菜，再好吃的东西，也会把人吃傻的。

洋为中用，我们煮来吃。国内没有罗马生菜，以前上海只有green leaf，那时我就经常煮着吃，国内的生菜不怎么敢生吃。煮来吃，有一点好，体积的变化大；做色拉，一棵一大盆，而煮来吃，两棵才一点点，消耗起来比生吃快。

取两棵罗马生菜，洗净，沥干水，不做色拉，就不用甩干了，稍微有点水珠没关系。生菜很容易氧化，氧化的生菜会呈现红色，根部的断口就是红色的，先把它切去，只有各种断口才会被氧化，所以如果菜叶受了伤，折断处也会显出红色来，如果最外层的叶子伤得厉害，则弃之。然后把菜叶一片片摘下，叠起，切成寸许长的段。也可以一棵一起切，只是底部的叶片会连着根，有时不仅是最后一段，而是后面的两段都连着根，要用手扯下来。

为了防止氧化，切好了就煮，水先烧着。

烧一大锅水，一大锅哦！待水沸后立刻关火，把生菜一起放入，翻动几下后马上一起倒在漏网中，待水滴尽，即可装盆。装盆后淋上蚝油或者酱麻油即可。对的，说是“煮”，其实是“烫”一下，上海人叫“煠”，用通用汉字则是“灼”，水烫水煮，都算白灼，水煮牛肉、水煮鱼不算。

有的朋友为了追求成菜明亮，会在锅中先放点油，然而水沸时会产生许多油花泡泡，粘裹在生菜身上，反而不漂亮。倒是火候辰光掌握好，起锅再淋油，碧绿生青来得漂亮。

这篇文章不是软广，也不是硬广，我从来不拿人钱替人做广告的。据说 COSTCO 开到上海了，不知道那儿的生菜怎么个卖法，也不知道牛排要比美国贵上几成。

奉劝 COSTCO 一句，入乡随俗这档子事，还是不容小觑的。

大刀色拉

“行”是个多音字，所以才会有了“中国人民很行”的笑话；“行”，有两个音，一个是“形”，一个是“航”。

好玩的是，这个字，在上海话中，有了很多的音。我们知道，吴语有“文白读”现象，就是一个字有两个音，比如“大小”“大学”的“大”，前者是吴语中本来的音，叫做“白读”；后者接近于普通话，就是“文读”了。

“行”本来就是多音字，再加上文白读，所以至少有了三种发音。首先是读“形”，像“游行”啊，“行动”啊，是文读的第一个音，大多数与动作有关。第二个音也是文读，就是“航”，是一些与商业活动有关的词语，比如“银行”“行业”“行当”乃至“米行”“油行”“荐头行”。

第三个音有趣，读音有点像是“昂”，我要说那是上海话中的鼻音，沪语研究者一定会来打我，这是个“前行”，即在词前又没文读的时候，比如“行为”“行李”“行灶”“行头”等。

最好玩的，在上海话中，这个字念第三种音时还能单独用，既能当形容词也能当动词。回到前面“中国人民很行”的笑话，译成上海话是“中国人老来三呃”。上海话没有“很”，只有“老”，那要是说“中国人老行呃”，那表示“在中国人这里很流行的”。

“中国人老行跳广场舞”“吃自助餐行抢呃”，都是“流行”或“习惯”的意思；这个词还能前置否定，“勿行”意味着“不流行”或“不习惯”，“中国人勿行畀小费呃”“买物事勿行排队呃”。

美食和服装和时尚其实是一样的，一件东西“行”了一段时间后，就会冷却，隔上一段时间又重新“行起来”。上世纪二三十年代，流行过穿喇叭裤，后来“勿行了”；到了80年代，“又行了”，后来“又勿行了”；前几年又流行过一段时间，现在又看不到了。

美食界也是如此，有段时间“行”吃奶茶，现在“行”吃松茸吃鸡纵吃各种各样的菌子，美国现在“行”吃“楔形色拉”，也叫“楔子色拉”。

Wedge salad，被译作“楔形色拉”和“楔子色拉”是很简单粗暴且没有美感的；“wedge”是块三角形的东西，最具代表性的就是“门挡”，门开着的时候为了防止被风吹上，用块三角形的木块塞在门与地的空隙中顶住，门就不会自己关起来了。

我想，既然可以有“门钉肉饼”，为什么不能叫做“门挡色拉”呢？

不过，我还是喜欢叫它“大刀色拉”。

我本来以为这是新近发明出来的，一来我二十来年前在美国的时候没见过这玩意；二来美国最流行的有历史传承的菜谱 *The Joy of Cooking* 和 *Better Homes and Gardens New Cook Book* 都没有这道色拉，前者1931年出了第一版，到2006年75周年纪念时出的是第八版，而后者在1930年的第一版之后，到2014年出到了第十六版，这两本都是美国烹调圣经级的菜谱，都没有这道 wedge salad。

于是我以为它是新近被发明出来的。

有趣的是，这道菜在1916年出版的 *Salads, Sandwiches and Chafing Dish Recipes*（Marion Harris Neil [David McKay: Philadelphia]）上就有了，但一直不是主流色拉，直到上世纪70年代彻底消声匿迹；直到最近，才“又行了起来”。

既然“行”，我们一道“行一趟”，来做这道色拉。

楔子，是用球生菜切出来的三角，要挑新鲜且包得紧实的球生菜来做。新不新鲜，用眼睛看，菜秆上不能有红色的纹路或片区，生菜含铁质丰富，不新鲜的生菜“铁锈”了。紧实，用手来掂，同样大小的球生菜，分量越重的越紧实，也越新鲜，新鲜则含水量多则饱满则紧实。买回来，冲洗干净后放在冰箱里，冷藏室中温度最低的那里。

我们先来做培根碎和色拉酱，煎培根的时候做色拉酱，节约一点时间。

找三片培根，培根挺长的，当中切开；培根也挺宽的，叠在一起，剖成三条。你现在有六条三层的培根，全都切成小方块，一堆培根碎。找个锅，把培根碎放入，用小火煨着，用筷子将它们划划散。

拿三四个小番茄，切碎，很碎。拿小半个洋葱，也切碎，很碎。很多菜谱是用一种根很大的绿葱，那是因为做这么道菜“杀”个洋葱不值得，我那天正好煎牛肝，用洋葱配菜，所以我有了洋葱，还不浪费。

蛋黄酱中放一点红酒醋，一点点就可以，引不起什么粉红的效果；加入与蛋黄酱等量的 buttermilk 和酸奶油，再加入 Worcestershire sauce（上海辣酱油也行），撒上现磨的黑胡椒。尝一下味道，味型不够丰富的话，再加点 Worcestershire sauce，还可以加一点点 Cayenne 辣椒细粉。

对了，还要有蓝纹起司，这个酱就叫蓝纹起司酱，当然不能少了 blue cheese。蓝纹起司的味道很冲，有的人不喜欢，就少放一点，我很喜欢，当然加多多喽。

可以用食物料理机打散，也可以不打，看大家喜欢什么样的口感。要是家中没有蛋黄酱，那就用橄榄油加生鸡蛋黄再加上所有的东西，一起打匀即可。做好的酱，也放在冰箱里，冰上半个钟头到一小时。

培根还在火上呢,现在已经变成小半锅油里浸着几十片金黄的肉片了,等肥肉变硬,将培根从油里撩出来,铺在吸油纸上。

等到要吃的时候,先把色拉酱从冰箱中取出,放一半的洋葱碎和番茄碎,再切七八个小番茄,对剖。然后切球生菜。

几乎所有的菜谱都是两刀或是三刀,对剖再对剖成四块,或者对剖后按六十度再对剖两刀,成为六块。是的,可以这么切,但是他们都忽略了一点,球生菜有个很硬的根,这样的切法,每一块都带着根,这多煞风景呀。用餐刀又切不开,一大块咬又咬不动,或许老外咬得动,反正我咬不动。

饭店里的这个色拉,一般是四分之一球形的,但你仔细看,并没有根,因为那不是两刀对剖切出来的,而是分为六刀切成的。先是错开根部平行切两刀,切出两个半球与一片带着根的来;这时两个半球都不是正半球,而是正面直径大于侧面的,所以要各切两刀,才能切出正的四分之一来。总共六刀,切出四块四分之一球形与三厚片,一大二小三片。

饭店之所以这样做,一来是好看,二来是他们用到生菜的地方多,当中那三个厚片总有地方用得掉,家里的话要换个思路。首先,把球生菜最外面一两层包得不是很紧的撕下来,不要了;然后把刀紧贴着根部那块硬结切下去,斜着入刀,切成一大一小两个半球。小的那块,斜着对半分开;大的那块,下两刀分成三块,每一刀都要沿着菜根斜着切,这样根部就单独地留在最后一块上了,再斜着一刀切去根部。这样,总共五刀,有了五块各不相同却也不失美观的"楔子",还有一个根。

你可能看出来了,这不就是倚着根的"随刀块"(北方叫"滚刀块")吗?是的,就是这么随意地大刀阔斧切出来的,所以我起了个名叫"大刀色拉"。

六刀四块的饭店切法,比较适合三四块放在一起的时候,每块都是一样的，排在一起也整整齐齐很好看；六刀五块的家庭切法，比较适合分食制一人一盘，事先每个盘里都放上一块，等主菜好了，盛了一起上桌，每盆都很好看，却又不完全相同，多好。

把切好的块放在盆子里，撒上剩下的洋葱和番茄碎，淋上色拉酱，再撒上培根粒，一道“大刀色拉”就算是做好了。球生菜很嫩，很适合这么做，看似一人一大块，但因为水分充足，并不会让人觉得太多。

又方便，又好吃，怪不得最近“行起来”了。

说到“行”，专家说在上海话中有六个音，我知道第四个音如上海话的“恨”，“道行”即是；第五个音和第三个音差不多，“行书”“行车”“行列”就是，有排列的意思，这个音与第三个音很近，但口形是不同的，估计现在小朋友都分不出来了。

快手南瓜

话说到了洛杉矶后，人生地不熟的，好在现在有了网络，上网找东西吃吧，一来二去的，我就上了几回当，而且还是“吃苦不记苦”，上的都是同一个公众号的当——“洛杉矶吃货小分队”。哎，看样子这毛病不改，只能“到老一世苦”了。

我在国内也上过食评公众号的当，虽然我自己是国内最早写食评的一批了，但我照样被忽悠去了饭店，可能因为我从来就不曾夸大过事实，以至于以为别人也会和我一样。那次上当，是有位“宁波上海人”从小吃宁波菜长大，看到有个公众号推荐一家在江苏路延安路的宁波馆子，就把那篇文章转给了我，然后我就约了一帮子朋友去了。

结果呢？我丢了回脸，朋友说：“这种馆子你也好意思带我们来的啊？”要知道，这些朋友都是和我坐在路边吃馄饨、捧着盒子吃生煎、在直不起头的饭店阁楼喝茅台一起身经百战的朋友，这脸丢得，打落门牙往肚子里咽。

打那之后，我就对那个公众号留了个心，它还真经常闹点笑话出点洋相，好在普通民众估计也看不出来。没想到，一般的人吧，随着以后多年的“做托”的经验，好歹吃得多了见得广了，多少会有点进步，这个号可好，以前是个洞，现在是个窟窿（一定要用苏州话念“哭龙”才好玩）。

这不，就在今天早上，微信推送过来一条，叫做《食材鲜、酱汁靓，鸡有鸡味、鱼有鱼味，这本分还有多少餐厅能守住？》，点进去一看，介绍的是家香港餐厅。第一道是道小菜——子姜皮蛋，据作者说那是台湾的子姜，而且“只选六月初的幼芽，拿来之后要用小刀切开，剔掉筋，很麻烦的，100斤姜只能挑出5斤”。

我的妈呀，开什么玩笑：且不说嫩芽哪来的筋，就算有筋，一样东西中有百分之九十五的筋，那不是姜，那恐怕是丝瓜筋。从厨房运营的角度来说，任何食材，一百斤中只能挑出五斤来，那完全不是店家做菜精致，而是采购出了大问题了。我过去一直以为清朝御膳房一只鸡蛋几两银子是开玩笑，现在看来倒是有可能的。我想告诉这位朋友的是：哪怕一百斤烂姜堆在面前，可能挑出能用的都不止五斤。

还是这篇文章，极力吹捧店家有“自制的酱汁”，甚至还有“自己的小农场生晒腊肉”。我已经无话可话了，自制酱汁和自晒腊肉无非就是为了降低成本好不好？香港生意稍微好点的茶餐厅，就已经是这样了。估计这位下次吃个农家乐，会这么写：店家有自己的鱼塘，茶叶是自家的茶园采的，为了保证品质，有自家的养猪场、养鸡场，就连厨师和服务员，外加杀猪的汉子，都是自己家里养的。

开什么玩笑，自己不会做菜，又没有餐厅运营的经验，甚至连common sense都没有，还敢说菜是怎么做出来的，食材是怎么准备的，你还不如简简单单“入口即化”呢！

不要把美食神秘化，很多东西，其实很简单的，今天就来说道超级简单的南瓜。

首先，买南瓜，这几天正好是美国的万圣节，喔哟，南瓜成灾，到处都是。美国的南瓜不好吃，有形而无神，做做南瓜派什么的尚可，但要直接吃，还是要日本南瓜，要香有香，要甜有甜，软糯且纤维少，佳品。上海的长南瓜也好吃，可惜在美国没见过。

日本南瓜在日本超市有卖，与美国南瓜不一样，美国南瓜是有标准色的，橙色，很饱和的橙色，看着就让人开心，很符合美国的形象。美国也有丑南瓜，那可是真的丑，不过卖得可比橙色的贵，那是给人摆着看的，我去年买了几个，到现在还好好的，真有趣。

日本南瓜是扁的，扁圆的，皮是绿的，上面有时还会有点小疙瘩。买南瓜要买小而硬的，越硬越好，越沉越好。一只日本小南瓜，可以买几只美国大南瓜，光从价格来看，日本南瓜就比美国的金贵多了。日本小南瓜，不过二三磅重，美国大南瓜，大的像个石锁般，一个人都搬不动。我没有在基尼斯纪录中找到最大的南瓜有多重，但我查到在2011年的10月22日，有人在纽约雕刻了一个1818磅的南瓜，妈呀，真是够大的。

说回日本南瓜，怎么吃？听我说。

很多的朋友都不愿意料理南瓜，说第一步就不行，就危险，那么硬的南瓜，没法下刀啊！一不小心，一打滑，就切到手上了。

简单，我来教你，整个南瓜放到微波炉，高火三分钟，个大的话，五分钟。放心，不会炸的，绝对不会，红烧肉会炸，三五分钟南瓜，不会。

炸是不会炸，但会烫伤人，你要直接去拿，真有可能会烫伤的，我劝你把南瓜留在微波炉里，过个半小时再取出来，还是温温热热的。

先一切二，很好切吧？把籽挖掉，然后把切面放在砧板上，把皮用刀削去，你会发现皮很好去，放到微波炉中才三五分钟，居然变化这么大。

把皮削去，再把南瓜切成块，放回微波炉，再转个五分钟，撒上盐和黑胡椒，就可以吃啦！

就是这么简单，没熟透？再加一分钟两分钟三分钟，反正转到它熟就是喽!

好吃的南瓜就是这么十来分钟，红烧肉就是两三个小时，什么七十二个小时的红烧肉，就是骗不懂行的美食评论家的，然后他们再来骗民众。

写食评的，最好不要听老板吹牛，用自己的感受来写，我也只能说到这里了，各位好自为之吧。

BLT 色拉

“你妈气飞了！”

这是句流行的俏皮话，不是说你妈真的飞了，而是“你妈气疯了”的意思；或者说是“你妈气死了”，死了成仙，就能飞了？

想一想，你妈怎么会气飞的？买错股票、碰着缺秤的、皮夹子被偷、晾衣裳碰着阵头雨、新鞋子轧痛脚趾头……妈妈生气又不用理由的，至于气不气飞跟事情无关的，和你妈的脾气大小有关。

如果你把微波炉弄得很脏，你妈多半会生气的。老外转块比萨什么的倒也罢了，动静还好。中国人今天红烧肉，明天火腿肠，后天再转碗汤，结果又是爆又是潽，如果不马上擦干净，没几天之后，微波炉就惨不忍睹了。

你说，给你妈看到了，她生不生气？火气大点的，就气飞了。

清洗微波炉可不容易，特别是爆溅出来的食物碎屑，温度极高，一粘到微波炉壁就干结了，哪怕马上擦，也不是很容易。我上次介绍过一个在碗中放醋放柠檬汁再加热的清洗方法，一时不察，未申请专利，结果给人学了去，还出了一款挺好玩的东西。

这就是“生气妈妈”玩偶，玩偶是一个妈妈的样子，双手叉在腰上正在发火。玩偶是空心的，可以倒入醋，头顶上有许多小洞，一加热，醋蒸汽就从小洞中升起，把个妈妈气得头顶冒烟。

这玩意造型很可爱，只是说明书有点吓人。“先把妈妈的头发拿下来”，“再把妈妈的脸拿下来”，“将醋倒在妈妈的身体里”，呃，这可不太好玩，难怪妈妈会气飞了。

小玩意卖得可不便宜，沃尔玛卖 9.9 美元一个，淘宝上只要 4.5 元人民币，谁说美国物价便宜的？

说了微波炉几句，给大家介绍一个微波炉的用法，煎培根。很多到过美国的朋友都抱怨自助餐上的培根为什么会那么硬，一不小心"戳破天花板"，我要说的就是那种煎培根。

这种煎培根一般是夹在汉堡中的。通常做汉堡的店，都有一块大铁板，烘面包、烤肉饼、煎培根，都是这块铁板，肉饼多少时候熟，培根也煎多少时间，培根硬而脆，夹在面包中，与肉饼、生菜、番茄一起咬嚼，培根就不会扎破嘴了。

在家中，你又没那么大的铁板。没关系，用平底锅也行，只是油会溅出来，你还得在一旁看着。你也可以用烤箱，可是美国都是大烤箱，为了几片培根还要动次烤箱，有点不值当的。

好了，还有一个大招，用微波炉，而且不会让妈妈气飞的。找一个大的盆缸碗盘，随便哪一样都可以，在底上铺上四层厨房纸，这玩意在美国很普遍，厚厚的卷筒纸，国内尚未流行起来，不过也在好几年前就有了。

四层厨房纸，上面铺上培根，一片片分开，不要叠在一起，然后在上面再盖上两层厨房纸。用微波炉转，大致的时间是有一片培根，转一分钟，有三片就转三分钟。转好之后，看看培根是不是硬了，一般来说正是恰到好处，如果你想再硬一点，就再加个十秒二十秒的。

今天要说的这道菜，也是脆培根，不过不是整片的，而是切碎的；你也可以用微波炉做，不过你妈妈气飞的可能性比较大。

第一种，把培根切碎，三四片的样子，切成细条，比半指宽一点的，然后也找个容器，上下厨房纸，把一小条一小条的培根分开，铺在厨房纸上，照培根数用微波炉转。听上去很简单是不是？但是把培根分开太累了，四片培根，切成二三十条，总共就是一百多条，妈呀！妈没气飞，你自己气飞了！

第二种，把切好的培根放在一个容器中，也不分开，一起转，每隔一分钟，停个一二分钟。那完全是看运道的，有可能四片东西花了一刻钟，转到后来，一碗油，半碗脆培根；也有可能三分钟后，你的微波炉就炸翻了天，你妈又上天了。

我是用第三种的，把培根切开，用一个很小的 Lodge 铸铁锅，开小火慢慢地熬，就像熬油渣那样，直到培根变干变脆。我一般是整包一磅的培根来熬，可以熬出很多油来，这些油可以用来做 Worcestershire pudding。

这道菜，叫 BLT，B 是培根（bacon），L 是生菜（lettuce），而 T 是番茄（tomato），有了脆培根，很简单。生菜，一般用罗马生菜，你要是用绿叶红叶也都可以，切成段；番茄切成丁。

拌个酱，用现成的也可以，先把生菜与酱拌好，把培根和番茄堆在生菜上就可以，这种色拉的“切口”，就叫“BLT”。

你要是用生姜酱(ginger)、大蒜酱(garlic)，或是放点葡萄肉(grape)，这道菜就高大上了，叫做“LGBT”。

飞了！

芋　泥

我去Albertsons买东西，买完了，我对收银员说："Thank you very much."她回了我一句："You are welcome very much."一个小个子的白人女孩，蓝眼睛，长得很cute，让我一天心情都很好。

后来我想着玩，想这段对话或许用上海话表达可以是：

"我谢谢傺一家门噢！"

"阿拉一家门勿要侬客气！"

这自然是开玩笑，真要这么说，那是吵架了。

这段话和正文没关系，只是好玩就记在这里了。我向来相信好记性不如烂笔头，至今依然保持着使用索引卡片的习惯。把东西记在哪里最好？记在自己出版的书里最好，笔记本会掉了，正式出版的书不会。

所以，《下厨记》系列里经常有和正文没有关系的东西，大家不要奇怪，有时还挺好玩的，我相信大家会喜欢的。

今天要说的是芋头，很大的那种。

以前看过一个电视剧，具体的情节已经完全不记得了，反正有皇帝还有臣子什么的，嗯？有皇帝么总有臣子的。剧中说到一种"荔浦芋头"，反正围绕着这芋头，发生了很多故事，我就想：这玩意得是有多好吃啊？

荔浦在广西，那时还没有淘宝，想吃就得到那么远去，想想也就抛在脑后了。

离上海不远的奉化，也出芋头，不过奉化芋头产量很少，上海很难见到，只是有次去玩，在当地吃过，记得是烧肉的，一片芋头一片肉，很好吃，然而也就只吃过那么一回。

后来，女儿出生，第一次吃外面的食物，居然就是芋头。

那时我们经常去一家叫做“鲜墙房”的店，必点的菜是“潼茶鸭”和“富贵双方”，还有一道就是“八宝芋泥”。这几道菜真是百吃不厌，只是后来不知道为什么突然就不去了，等到再去已经是十几年后。我有一次回国特地去怀旧，年初二和父母去的，已经没有八宝芋泥这道菜了。

我有段时间爱上潮州菜，这才知道原来好的芋头不仅广西和浙江有，福建也盛产，潮州店的反沙芋头成了我的新爱，又是百吃不厌。

好的芋头，是糯且松的，闽南话叫“桑”，上海话叫“粉”，粉嗒嗒的芋头，做成粗芋泥，很好吃。

这道菜很好做，只要芋头、猪油和白糖。

美国有芋头卖，墨西哥产的，居然还是品质很好的槟榔芋。据说芋头由亚洲引进到墨西哥至今不过廿多年的时间，结果很受欢迎，如今都能出口创汇了。不过，从墨西哥到加州，要比从荔浦到上海方便得多了。芋头在老外超市是整只卖的，英文叫做 Taro，美国什么东西都大，就是芋头也比国内的大上一圈。买整只的芋头，要挑选表皮坚硬、掂起来沉手的。华人超市也有卖，去皮后透明真空袋包装的，一般是半个一包，比整个买要好，因为看得到切面，我喜欢买有紫色一丝丝的，成品更加好看。

猪油，美国也有卖，有盒装也有罐装的，但你一定认不出来那是猪油。所以，你得知道它叫什么。猪油，英文叫“lard”，西班牙文叫“manteca de cerdo”，“manteca”是“黄油”的意思，而“cerdo”就是“猪”啦，有时猪油的包装上只写“manteca”，而黄油一般是写作“mantequilla”，大家知道就好啦！

白糖，超市都有卖，我相信你不会买错的，美国的白砂糖比国内的细，并且远没有国内的甜，所以放糖的时候要适当调整加量。

好了，有这三样东西就行了。

你首先要给芋头去皮，芋头和芋艿一样，会让人的手发痒，而且是奇痒无比，用我朋友的话说，"恨不得把手剁下来。"可以把芋头煮一下，煮个十来分钟，表面就熟了，不但不会令手发痒，表皮还变软了，很容易去皮了。

把芋头一剁为二，把剖面放在砧板之上，很稳了，用刀把表面的皮切去。千万不要整个切皮，一不小心打滑，就会伤手。华人超市的是去了皮的，使用起来很方便。

把芋头切块，大块就行，两三块大麻将牌的样子。把切好的块放在一个大碗中，其余的放冰箱冷冻，什么时候想吃拿出来，连解冻都不需要，直接烧。

烧，有好多种办法。蒸，蒸三刻钟左右，筷子可以轻易穿通即可；煮，也是差不多的时间，但不建议煮，一旦煮得过头，就散掉了，哪怕滤过，也太湿，当然你可以将它们炒干。微波炉是个不错的选择，碗中放一点点水，盖个不密封的盖子，先转个十分钟，然后五分钟五分钟地转，直到筷子可以扎过。

然后，把这些芋头块放在一个大碗中，如果本来就在大碗中，将水滗掉；取一个调羹，用勺底碾压芋头，好的芋头一碾就碎了，拌入白糖和猪油，猪油多一点好吃，刚拌下去时油会汪在表面，仔细地搅拌均匀就全被芋泥吸收了。

如果用食物料理机打，建议不要打得太细。我有一次用 Vitamix 的最高一档打了一碗完全没水的芋头，结果黏得像糯米糕一样，倒是被我“发明”了个芋头糕。哪怕用勺子碾，我也建议不要碾得太细，稍微带点颗粒，口感更佳。

简单的芋泥就是这么简单，虽然简单，但很好吃，特别是受到小朋友欢迎；我女儿至今还很喜欢吃她有生以来吃到的第一个“非产品”的食物。

复杂一点的，八宝芋泥，其实也很容易：找个碗，抹点猪油在碗壁，把什么核桃仁啦松子啦莲心啦铺在碗底，然后放入一层芋泥，芋泥要细一点；然后在芋泥的当中放上豆沙，再铺上芋泥，倒出来就成了，很熟悉是不是？对的，和八宝饭一样的做法，只是把糯米换成了芋泥。

真正有难度的是反沙芋头，下回我们来说怎么做，而且我们还要说说“反”“返”“翻”“泛”到底哪个字才对。

中西点心

Menu

简版不正宗的好吃叻沙

手擀面

越南檬粉

仿美新春卷

牛肉酥饼

鲜肉月饼

“包脚布”与可丽饼

迷你粢饭糕

羊角三明治

鲜肉小笼

玉米片塔

越南牛肉河粉

上海咸豆腐浆

约克郡布丁

泡饭

简版不正宗的好吃叻沙

我一直相信，一个地方的饮食，一定和地理有关。比如我过去一直认为四川、云贵等地喜欢吃辣是因为山中瘴气的关系，辣有发散的作用，可以排毒；我认识一些四川的姑娘，特别是成都的，她们都表示到了上海之后，吃不了以前那么辣了。

我又想了，上海倒是不在山中，没有瘴气，但上海湿气也不小啊？为什么就不流行吃辣呢？为什么吃惯辣的到了上海也吃得少了呢？照理说，湿气也要发表呀！

又后来，我发现我写错别字了，“瘴气”是“气”，而“湿气”应该是“汽”，就是“湿汽”，所以“汽”自己会蒸发，不用发表吧？

再后来，我了解到，可能吃辣也并不完全和瘴气有关，可能和交通有关。边远地区，盐不易运到，缺少盐的话，要靠辣来替代。据史实考证，越是交通不便越是少盐越是兵荒马乱，吃辣越是厉害。

饮食肯定是和气候有关的，气候的根本也是地理，东南亚的都吃点辣，应该还是和“热”有关；但是泰国北部比南部更辣，可按地理不是应该南面更热么？也难说，南面有海风，吹走热量也有可能。近日看报道，说上海二十几度，辽宁已经四十多度，真是邪了门了。

洛杉矶很热，所以印度菜、越南菜、泰国菜都卖得很好，菲律宾菜也不错，可是新加坡菜、马来西亚菜就很少了，到底本来人口基数小嘛，分散到世界各地的也就少了。至于缅甸菜，好像就没听说过了。

写完上面一句去查了一下，居然洛杉矶还不少，Yelp上甚至有“洛杉矶十大缅甸馆子”，真正是什么都多元化的地方。

好，说回来。可能是洛杉矶有点热，也可能是什么我自己都不知的原因，我突然就很“desperately”地想吃叻沙了，“desperately”是“绝望”的意思，就是吃不到感觉会死掉的意思。

其实，我一生中吃到叻沙的机会，应该不会超过五次。

我是中国最早编点菜系统的人，想不到吧？那时的点菜系统，没有收银机，没有iPad，只有组装的电脑，用鼠标和标准键盘输入，输入一桌菜单可能要十分钟，我和朋友用Fox Pro编的，那是我开的第一个公司。

第一个公司的第一笔活，就是点菜系统，客户是家“大食代”形式的食档，从淮海路第二食品商店边上的楼梯上去，楼上便是。与商场的大食代不同，那是家独资的大食代，每个摊都是同一个老板的，他请我们做了点菜系统，还请我们吃了免费的试营业菜品，想吃什么就点什么。

我点了肉骨茶和叻沙，点的时候完全不知道是什么，吃了之后，就爱上了，虽然二十多年过去，肉骨茶我做了不到十次，叻沙我吃了不到五次，但我是真心爱上了这两样。

第一个公司，第一笔活，第一次吃大食代，第一次吃免费的试营业，第一次吃店家老板的，第一次吃东南亚菜，第一次吃肉骨茶，第一次吃叻沙，好多个第一次全发生在那个夏天了。

二十六岁的我，几乎没有吃过辣，那个时代的上海人，都没吃过辣，所以当我吃了第一碗“叻沙”后，我坚信是应该写作“辣煞”乃至“辣杀”的，前者是“辣极了”，后者是“辣死了”。

太辣了，当时，我真的是这么想的。你想呀，四川人到上海都不怎么吃辣了，我一个上海人从不吃辣，怎么抵挡得住叻沙的辣呀。

叻沙其实不辣，而且还香。叻沙是马来西亚的一种面条，说来又话长。

Laksa，我只知道拼法是这样的，但我对马来语中到底指什么不感兴趣，想必也就是“辣”“椰奶”“牛肉”“粉”“海鲜”这么几个释义中的一个吧？甚至这个词压根就不是马来语，因为印尼、新加坡和泰国南部都有这玩意，都叫叻沙。

我查了一下，洛杉矶有叻沙的新加坡店、马来店并不少，然而，都离我有点远。由于我住的不是华人区，也不是亚裔区，这些店差不多都要一个多小时车程才行，我可没有兴趣来回花三个小时去吃碗还不知道好不好吃的叻沙。

我早说过，不管什么东西，要花三小时排队，要花三小时开车，我都不会去的，我就花三小时去学会它。

我可是有师父的人，我认了一个高手做师父，可人家不认我，所以我只能默默地在心里认为师父，却不能写出姓甚名谁何方神圣来。你们要知道，我是有师父的，以后不要欺负我了哦！

叻沙有好多种，有两个代表性的大类：一类是大家常见的放椰奶的那种，一般叫做“咖喱叻沙”，主料是椰奶和 Sambal 辣椒酱，以马来西兰槟城（Penang）为代表；还有一大类叻沙叫“亚参叻沙”，用甜角为基底的酸汤和鱼制成，也是槟城的特产，维基百科上说这种叻沙在 2011 年 CNN 评比的“五十种世界美食”中排名第二十六位，那是 2011 年 9 月的榜单，在 7 月的预选榜中，甚至排到过第七名。这两种，都很好吃，我师父都会做，但照师父的做法，我学不会。

我只想吃咖喱叻沙，我想做又快又好吃的，我只有三个小时。照标准的版本，光是 sambal 辣椒酱，又名三巴辣椒酱，就要鲜红辣椒、红葱、大蒜头、干辣椒、虾酱、南姜或香茅草、甜角酱、糖、油、盐等一起放在石臼里研磨后再熬制而成。

别这么麻烦了，我们买现成的调味酱来做，我去了离家不远的越南超市。

很简单的，我就买到了"Nangfah"牌的叻沙酱、"Runel"牌的三巴酱，以及看不懂牌子的越南虾酱，我还买了牛肉丸、鱼丸、红葱酥、椰奶、五花肉、猪腰、啤酒和油条。有人一定会问，叻沙为什么要油条？我又没说做叻沙要油条，做叻沙还要很多东西呢。

为方便读者，我列一下做叻沙要的食材吧，我的版本的叻沙要：叻沙酱、三巴酱、虾酱、生抽、椰奶，油豆腐、凤尾虾、淡菜肉、牛肉丸、鱼丸、鸡蛋、开洋；油面和米线，豆芽、红葱酥；青柠一只、鱼露。我没点错标点，就是这样的。

好吧，我能想到的，就这些了，其实最简单的咖喱叻沙，只要三样东西：椰奶、叻沙酱、油面或泡好的米粉，把它们烧在一起就行了，就挺好吃了。

现在，我们做个豪华版的，绝对不正宗，绝对很好吃，我的豪华版。

首先，泡米线，我用的佛祖牌新竹米粉，一种和粉丝一样粗细的米粉，四分之一磅，用开水浸泡。你去饭店吃叻沙，一般会问你要鸡蛋面还是粗米粉还是细米粉，可网上的攻略都要放两种的，很奇怪。

我也放两种，我试过油面加米粉，也试过泡发的顺化濑粉加米粉，都很好吃，很成功。油面是现成的，一包一磅，濑粉要自己泡，一次半磅。对了，如果濑粉的包装上写着煮三分钟后冲洗，千万不要上当，我煮了二十分钟芯子还是硬的。

我说的是制作三人份的量，以上以下的量都是照三人份来的。

预处理食材，牛肉丸三个，一切二；如果只有两个，就一切四。鸡蛋两个，煮熟，对半切开。虾，六个，开背去沙线。油豆腐，对半斜切，就是沿对角线切开。

找一口锅，大锅，放入两罐椰奶，两调羹红葱酥，半瓶叻沙酱，三分之一三巴酱，一到两调羹虾酱，一调羹生抽，开洋，放入油面和米线，加水到刚刚盖过食材，开大火烧煮，待汤滚起，放入虾、油豆腐、牛肉丸、鱼丸、淡菜，改成中火。记得哦，大火时一定要照看着，椰奶稠厚，特别容易“潽”。

让它们煮一会儿，把豆芽铺在碗底，然后把面搛出来，三碗，分得均匀点，然后把油豆腐、牛肉丸、鱼丸、虾依次搛出来，等分到三碗中，同样的东西摆放在一起，那就比胡乱摆放的好看多了。

把汤倒在碗中，不要盖过食材，接近即可，把锅底的淡菜、开洋等舀起放在面条的顶上，然后每碗放半个煮熟的鸡蛋、一勺红葱酥。青柠和鱼露都是让吃的人自己加的，相信我，别看只是几滴鱼露，绝对要加，青柠也是一样，现挤一点到面汤中。

开吃！听着很烦是不是？其实也就十来分钟的事，关键是：照我的做法，零失败！

手擀面

最近颇有些时运不济的意思，连着去吃了好几家店，结果都是出品与图片大相径庭，将我吃到的实物照片，与“吃货小分队”的“定妆照”放在一起，网友们戏称简直就是淘宝买家秀与卖家秀。

有家店，我真是气不打一处来，虽然在《寻味LA》中已经骂过一次了，但我想让《下厨记》的读者也知道一下，天下居然有人“敢”这么卖“咸浆”的。

咸浆，就是咸豆腐浆，是上海人的省略叫法。上海地处南北当中，所以不论豆浆、汤圆、粽子、月饼、年糕、春卷，都是有甜有咸、平安无事，还没有“两党之争”，一片祥和景象。

上海的咸浆，大多数是安徽人、山东人的大饼油条摊卖的，先于碗中放置剪开的油条、虾皮、紫菜、榨菜粒、辣油、酱油和醋，然后冲入滚烫的淡豆腐浆，撒上葱花即成，是为上海咸浆。周围江浙城市亦都大同小异。台湾也有咸浆，区别是加肉松而不放醋，因此咸浆不会开花，我不喜欢，有时去台湾店吃咸浆，我还自己带着醋去，如何加醋可有讲究，以后告诉大家。

那次我去的是家卖杭州小笼的馆子，点了一份咸浆，店员特地关照说：“我们的咸豆浆是加酱油的噢！”然后，就端了碗褐色的豆浆给我，一碗加了酱油的豆浆，一碗只加了酱油的豆浆，恨死我了。

文章登出来，有人评论说这家店的面条很好吃，说是“值得”再去一次。妈呀，连咸豆浆都“敢”这么卖，我才不会再去呢，不就是当场手擀的面条嘛，我也会。

上海人以前是不在家“做”面食的，下碗面下碗馄饨，其实不能叫“做面食”，只是把“做好的面食”煮熟罢了。上海的面食，是菜场直接买的，细面、粗面、扁面、圆面都有，还有馄饨皮子、饺子皮子也都是在面摊买的，后来更是多了烧卖皮子、春卷皮子乃至包好的小馄饨、年糕、米粉、河粉等各种米面“制”品。

上海的面条是机器做的，叫做机制面。先用搅拌机和面，和面就是面粉加水搅拌啦，然后是压面，把面团放到压面机里，压成薄薄的一张出来。想要让面条更有嚼劲呢，就增加搅拌的时间，同时把面团多压几次，所有的这些，都是为了让面团起筋，吃起来更有嚼头。

没有任何资料显示机器做面条不如手擀的，那只是“古法手作”派的一个噱头罢了。硬要说手工面会比机制面好的话，那只是由于手工面在揉、擀、切这三个步骤中的不均匀性造成了一碗面条在厚薄、粗细、干湿上的细微区别，使得面条的口感也有细微的变化，而已。

那为什么南方的机制面普遍没有北方的手擀面好吃？因为有成本的考量，一斤面条只比一斤面粉多卖几个钱，还要人工和电，所以这搅拌的时间和压制的次数就被偷工减料了，你如果和摊主相熟又肯多出点钱，那同样可以买到好吃的机制面，哪怕北方，现在也是越来越多的机制面了。

北方人过去为什么都吃手擀面？懒！懒得出门买面条，自己家里擀一下么好咧。同时商业的不发达也造成了“没面条可买”，家家户户只能自己擀面条吃。

为什么没有卖手擀面的？因为费时费力，一家几口吃吃还行，真要用手擀做成大宗商品卖，那一天可做不了多少。那种什么一天卖几百成千斤面条的，全是机制面，别信卖面的信誓旦旦"全手工"，真要手工面，他得壮得像大力水手啊！

手擀面，纯粹玩一下，还是挺好玩的，我们来慢慢聊。

手擀面要好吃，就是要让面团起筋，那么我们首先可以选用高筋面粉来制作。还记得吗？我们在做鲜肉月饼和小笼的时候，说到过要用开水烫面，目的是为了防止面粉起筋，那么很明显，要让它起筋的话，就不能用热水了。

除了面粉和水之外，还要盐，有句话叫做"盐是筋碱是骨"，就是说要起筋的话，得加盐和碱，盐是食用盐，碱是食用碱，只是南方人家中一般不会备碱，就省了吧。多少盐呢？一斤面粉一咖啡勺的盐，哎，难怪北方人盐的摄入量超标，连面条本身都有这么多盐，而且还丝毫吃不出咸。

和面，把面粉堆在案板上，在当中挖个坑，往坑里倒水，面粉和水的比例，大致是二比一，水越少越好吃，但揉面所需的力道也越大。把面粉往当中推，沾裹水，一点点地拌起来，手势是用手掌拢着面粉，用双手的拇指往前推面粉，然后用其余的手指往后扒还没有揉进去的干面粉。

这一步很快，熟手的话，一二分钟即成。再熟的手，此时也是湿湿的一团糟，干手湿面粉，总是如此的。然后开始揉面，有人说揉面是个体力活，是的，揉面是要用点体力，但为什么八十岁的老奶奶也能做出好吃的手擀面呢？因为，更多的是巧劲。

揉面，一团面放在案板上，用双手的掌肚抵住面团的后半部分，伸直双手，人往前倾，让身体的重量传到掌缘之上，这样才使得出力，才够力。如果你只是靠手臂的力量，那没几下就酸死了。这个道理和皮划艇是一样的，摆好了架势靠腰部和上身的力量来划，要是靠手臂，那更是没几下就不行了。

记住，揉面的诀窍就在这里，不管做什么面点，但凡要揉起筋的面，就是这样揉，还非得这么揉，才会好吃。一下下揉，两三下后，面条变成个水滴形的饼，卷起来，换个方向揉，再卷，再揉。还有一种手势是一下压下去，把后面半块抓回来盖在面上，再压再抓。

揉到什么时候？揉到“三光”，面团光、案板光、手光，是的，很神奇的，随着你一下下地揉，你手上会一点点面粉都没有，而面团就像是涂了层油似的光滑。

以前是用湿毛巾把面团盖住，现在有保鲜膜了，反正，把面团盖起来或包起来，都行。然后是让面团“醒发”，这是个烘焙术语，在我们中国话里，有个专门的字，叫做“饧”，读作“行”，发音是我查来的，因为上海人不“做”面食，我不知道到底怎么读。

饧的意思是“变软”，在半个小时后，你去摸那个面团，果然变软了，这时你就可以“擀面”了，但如果想要面条更好吃一点，可以再揉一次面，再“饧”个三十分钟。

揉两回已经很好了，没必要再揉第三回了，这时的面团很软了，在案板上撒上干面粉，在擀面杖上也撒上干面粉，用手抓一把面粉，握住擀面杖，来回套弄几下即可。

先把面团搓揉成一个方形的厚饼，然后直擀一下横擀一下，慢慢地把一个面团擀成一大张方形的薄饼，注意擀大一点就撒点干面粉，你放心地擀好了，不会擀破的。

待面饼擀到大约一个硬币的厚度，就可以烧水了，要是你够熟练的话，在擀面时就可以烧水了，不过你要是真那么熟练的话，我估计你不会在这儿看我唠叨的。

在面饼上撒上干粉，把面饼折起来，每对折一下，都要撒一次干粉。据说考究的是擀面折面时用玉米面做手法，那样的面条下起来汤不会糊，不过那是进阶版了。

折多少层？折到宽度小于你的刀口。我想你们家是没有专门的切面刀的，和我一样，我就用普通的菜刀，切的时候，刀的方向要与折线垂直，那样切出来的面才是直的，否则是“zig zag”形的，中文叫什么来着？“之字形”。

切面条，要有节奏，一气呵成，保证每一刀的粗细方向都一样。切完的面条，迅速将之抖开，直接下到锅中，配上浇头，就可以吃了。

我把手擀面的道理都说出来了，变化可以是不用水而用鸡蛋或者鸭蛋，那样做出来的面是黄的；也可以是只用蛋清，那样的面会稍微硬一点，反正万变不离其宗吧。

真正难的是拉面，以后也会说到。

越南檬粉

经常有人问我，说是上海的福记怎么样，福记港式茶粥面。前段时间，有人写了篇说福记不好的帖子，说是福记的厨师还是老板不戴厨师帽什么的，也没仔细看，然后就有一众起哄的，好像逮到了天大的把柄似的。什么耳光馄饨什么长脚面，厨师别说戴帽子了，有时连衣服都不穿呢，那些人不照样吃得开开心心？跑到这里没戴厨师帽就是个事了？

对我来说，在基本的卫生之外，只要厨师做得好吃以及老板是个好人，就可以了。这不是说我吃一家店要搞清楚老板是好是坏，我的意思是如果知道了老板是个坏人，那我就不会去那家店吃了，哪怕味道再好。我哪天开了饭店，一定会有人坚决不到我店里吃的，我在有些人眼里就是坏人。这也正常，天下人的三观不可能都一样。

福记的老板，就是老板娘，就是朱姐。她是不是好人？我告诉大家一个判定老板是好人还是坏人的诀窍，那就是店中员工是不是像走马灯一样换人，换得越勤，老板越坏。你想呀，饮食行业是人员流动很快的地方，如果一家店一直用着老员工，老板一定不会错的，不但要工资合适，还要管理有方，有态度而没脾气。至于从不换员工的饭店，要么是家庭饭店，要么是卖蒙汗药的黑店。

福记的员工都是老员工，采购的、端菜的、后厨的、打扫的，常客应该都有点面熟陌生。如果一家店老是换员工，只有老板才认得出常客，那这家店是开不好的。是的，福记有时会有一两个姑娘突然不见了，后来也没再见，那是她们回潮州乡下结婚去了，不是被朱姐卖掉了，她们中有些等生了孩子会再来的。

福记的东西，大多数挺好吃的。为什么说大多数？记住，如果有人说某家店每一样都很好吃，要么这家店只卖两三样东西，要么是个没见识的，最大的可能，那是个托（拿钱的美食评论家）。

我们说的是一家卖几十种上百种菜点的店，牵扯到的食材更多，不同的渠道进货，不同的准备和烹调，不可能每道都好吃的，总有主打次打的，你也不可能一天廿四小时状态都是一样的吧？对于上百道菜点都要好吃，都受到同样的欢迎，要比廿四个钟头一直 high 着都难。一家饭店，有几个招牌菜是业中最好的，那就可以生存下去了，要是有个十来个，那就很招同行妒忌了。大多数都好吃，对我来说，是件不得了的事。

而且人的口味，也是有区别的，我就和别人不一样。福记的著名猪排，从创意从选料从腌制从烹调从装盘来看，都是很好的，但我就是不喜欢。我只说了“从”没说“到”，应该说“到蘸料”，福记是不配辣酱油的，对于一个上海人来说，炸猪排就不能没有辣酱油。然而福记的猪排配了辣酱油的话，你会发现不但对辣酱油陌生了，就是连猪排都陌生起来。

福记的炸猪排，不是我的菜。然而虾仁滑蛋、甘蔗鸭、猪颈肉，都很好吃；特别是腊味生炒糯米饭、干炒牛河，在我还没有港式炮台的时候，想吃这两道，还只有去福记吃。再有港式奶菜，福记的奶茶是上海市售奶茶中最好喝的。为什么说市售？因为我还有位兄弟做的奶茶是全上海最好喝的，他是全世界最大的茶业生产和经销商的雇员，整天就是研究奶茶。有人说，福记的奶茶在香港随便找一家都行，但问题是，你在上海出钱能买到的最好的港式奶茶，就在福记。我曾经喝过网红的静安别墅奶茶和其他几家上海港式茶餐厅的奶茶，都不能和福记比。福记的奶茶，要记得一点，别在晚上喝，喝多了睡不着。

要是问我，福记什么最好吃？我的回答是：猪排檬粉不要猪排。听上去像是“大肠面加大肠不要面”的反面吧？是的，猪排檬粉不要猪排。你如果曾经看到我拎着一个打包罐走出福记，那就是打包了一份没有猪排的檬粉。不要以为我有多阔气，买了东西把猪排扔了，我在福记吃东西是不付钱的。

为什么？我面子大！

福记最让我怀念的，就是檬粉了。现在到了美国，我只能自己做。

先来说一下檬粉是什么，我在福记吃檬粉，朱姐总是给我几瓣小青柠，果肉绿色的那种，我一度以为檬粉就是“配柠檬的冷米粉”。

当然不是的！

“檬”，就是“米粉”，是越南话“Bún”的音译，指圆的细的米粉，与广西的米粉、云南的米线，都是同样的东西；只是后者常是新鲜的，在除了越南本土和洛杉矶之外的地方，“檬”都是干的。

檬粉完全可以用干的来做，虽然洛杉矶买得到新鲜的，但那得到小西贡去买，偷懒或者不偷懒的话，到亚洲超市买干的就是了。说偷懒是因为偷懒不开车，说不偷懒是因为新鲜买来只要加鱼露就能吃，否则就得自己煮了。

亚洲超市都有檬粉卖，或者说越南粉。“Bún”有两种，一种是热食的，也就是“汤檬”，一般写作“Bún bò Huế”，是“顺化牛肉粉”的意思；还有一种就是做冷食的檬，包装上经常写成“Bún tươi đặc biệt”，是“特制新鲜米粉”的意思。热食粉与冷食粉最大的区别是后者要较前者为细，更容易沾上调味。

调味，对的，越南、广西、云南，乃至贵州、江西、广东，在粉上的区别是调味的不同（成分稍有不同）。

让我们先把檬粉煮上。大多数檬粉，是放一大锅水，待水沸后放入干的檬粉煮五分钟，再在水中焐两分钟，然后过冷河。在关火之前咬一下，要没有硬芯才行。我曾经买到过一种袋上说只要烧五分钟的汤檬，烧了廿分钟后芯还是硬的。

细的檬粉，一下水，水就会变得很混浊，五分钟之后，简直就是一锅稀一点的糨糊。过冷河的意思是浸在冷水里，具体的操作法可以把锅放在水斗中，用冷水冲淋。不要尝试用筷子搛点起来放在滤网里冲，还不到时候，现在还是一团糊，用筷子搛的话，首先搛不起多少，又滑又重，而且还很容易断。

放冷水，用筷子沿锅壁搅动，待水满了，倒去半锅，继续，直到汤色变清，这时檬粉也不黏在一起了。这时也不烫了，直接用手抓一把放在滤网中，在水龙头下冲洗到冷透。什么？我怎么拿手抓檬粉？是的，我还没戴厨师帽呢。

冲洗好的檬粉，放在另一个容器中，再从锅中抓一把出来洗，直到全都洗净。与面条不同的是，洗净的檬粉不会黏在一起。

要调一个汁，越南檬粉要照越南的风味调，关键是鱼露。先用温水兑一点糖，最好是越南黄糖，没有的话，白糖也成。待糖化开，放米醋和鱼露，挤点青柠汁，然后放入新鲜的姜片与蒜片，剪一两个越南小红尖椒下去。有人是切蒜蓉擦姜蓉的，我不喜欢，那样有杂质感，我喜欢用姜片蒜片浸泡，最后用筛网滤一下，清清爽爽的调汁。

切一点生菜丝垫在碗底,再抓点绿豆芽。对的,生的,绿豆芽没豆腥,可以生吃。再放几片新鲜柠檬叶,没有就算了,有就放点,没有也不值得特地买。抓把檬粉在碗中,撒点花生碎,一碗没有猪排的檬粉就做好了;调汁跟着上桌,想要多少自己放。调汁要甜不要咸,跟纯的鱼露和青柠一起上,有人嫌淡可以自己加鱼露或青柠,调汁有个专门的词,叫“渃醮”。

这是基本的冷食檬粉,上面放烧肉,就是烧肉檬;放春卷,就是春卷檬;要是放一块红烧大排,那就是融合菜,叫做“上海大排越南檬”。

越南烧肉与广式烧肉是完全不一样的,将来会说怎么做的。

仿美新春卷

这是家很神奇的店，虽然它的名字是“美新点心店”，但只要是上海人，都叫它“美新汤团店”，就像没有上海人把南京路上那幢著名的大楼称作“市百一店”一样，土生土长的上海人叫它“中百公司”。

我一度把“美新”与“美心”搞混，对的，上海也有“美心”，应该还是香港美心的前身，只是上海人不争气，把上海美心越开越差，终于趁着大造地铁的春风，把个好好的美心开到了关门大吉，倒也省却了我搞错之虞。

美新，是家小店，在威海路陕西路的转角上，每到春节，小小年夜小年夜大年夜，他们就不营业了，在店中码起了长桌，供人凭票领取八宝饭、年糕、汤团等年货，八宝饭之类并不是该店平时售卖的东西，至于这个“票”也从不见他们预售，可每年的春节都有这么一出，神奇得很，我一直很好奇这些顾客、这些票以及这些食物是哪里来的。

美新的特产是汤团，肉汤团一份四只，黑洋酥的小一点，一份八只；每到元宵节的时候，他们又不营业了，所有的人一起包汤团外卖，那可真是忙得不亦乐乎。平时，他们也天天包汤团，店中一隅有个玻璃隔着的明档，经常坐着三四个妇女穿着白大褂包汤团，她们动作飞快，每人每天都能包上上千个。

一份汤团堂吃才几块钱，在上海手工并不是值钱的东西，在一个有三千万人口且平均受教育程度并不高的城市，手工也不应该是个太值钱的事物，除了鼎泰丰敢把小笼卖到几十块之外，哪样上海的小吃不是几块钱十来块的？又有哪样不是“手作”的呢？我一直说，在食物这个方面，在人口大国讨论“手作”没有什么意义，你做老板的一个月才开人家两三千的工资，却要标榜我的产品个个都是纯手工的要卖个大价钱，那只能说明你这个老板不厚道，却不能表示你的东西就一定好吃。

大家注意了，“古法手作”与“东西好吃”之间没有什么必然的因果关系，不要被美食评论家们骗了，“古法手作”与“东西精贵”之间也没什么因果关系，手工作品的价值只与这个行业的平均工资或者工资中位数有关系；“古法手作”只能保证成品上的差异，不同工人出品的东西有参差，就是同一个人也无法完全保证出品一致。

美新的春卷就是这样。美新的春卷一份四个，我喜欢点上两份，就是八个。知道“文玩核桃”的人可能听说过这么句话：“不怕大，不怕小，就怕不成对。”美心的春卷也是如此，一盆八个春卷，你绝对找不到两只一样的，有的长有的短有的方有的扁有的圆还有的破，你想象一下吧，那可真是“花团锦簇、争奇斗艳”了。

美新的春卷是好吃的，但这和配方有关，与“手作”没什么关系，手作的结果就是个个都不一样。美新的春卷是全上海最好吃的，但千万不要配一碗大馄饨，他们的大馄饨也是手工制作，乃是全上海最难吃的。

去美新，最好十二点钟去，着实可以感受一下热闹的程度。你在一楼买了票，得上二楼，一批人坐着等东西，另一批人站着等位子，有些人已经吃上了，一旦有人站起来，立马有人坐下去；服务员穿梭在人群中，收票子，端食物，突然有人叫起来：“为什么我先来的还没有吃上？”

服务员问那人到底点的是什么，一眨眼的工夫，那人就吃上了。我一直在想，如果不买票子，直接到二楼找个位子坐上二十分钟后大吼一声，估计也能吃到东西，服务员才顾不过来谁到底买了什么东西呢，缺个啥就补上呗。

我要在加州在洛杉矶把这盘"热吹潽烫"的春卷复制出来。

春卷皮，有了春卷皮才能干别的。上海人做春卷都是买现成的春卷皮，一到过年，菜场就有春卷皮卖，现摊现卖，我以前曾经写过，就不再复述了。洛杉矶有华人超市，大多数都有春卷皮卖。要注意，洛杉矶华人超市的春卷皮有两大品类，大家一定要注意区分。

举大华为例，一种是放在豆制品那里，与馄饨皮在一个冷藏柜上，和馄饨皮同品牌同质地，这种春卷皮一看就很厚，感觉一切为四就是馄饨皮了。还有一种，是放在冷冻室的，也有数个品牌，是一种冻得硬硬的春卷皮，仔细看，是一叠很薄的皮子，这才是我们要找的。美国的春卷皮有大有小，我选用了一种新加坡出品的"第一家"品牌的方春卷皮，一包五百五十克共五十张，在上海一斤春卷皮超过四十张就是相当好的了，最近一斤都只有三十三四张了，你想，要变厚了多少？

这种方皮子，是七英寸半见方，不比上海的圆皮小，折算下来一斤四十五张，可见这种皮子要比上海的更薄。如果各位要做这道春卷，就买这种皮子，至于那些像馄饨皮子那么厚的皮子怎么用，我还不知道，等我研究好了再告诉大家。

对于买不到春卷皮的朋友，可以用八比七的比例以高筋面粉加水以及少许的盐，拌匀起劲后在铁板或厚平底锅上烙出春卷皮来，具体的步骤待我另文详述。

我们先来做馅，美新标准版是黄芽菜香菇肉丝的。黄芽菜在华人、日本人超市都有卖，质量也很好，挑包得紧实分量重的买。洋人超市也有大白菜卖，大多数是napa cabbage，较黄芽菜绿一点，叶片上的纹路很深很清晰，这种菜较黄芽菜硬一点点，也能用，没关系。

香菇，在大华和德成行都有干的卖，你不必买很贵的花菇，反正要切成丝且是包在里面的，普通的干香菇就可以了。用水浸发过夜。

肉，切肉丝的话用loin或tenderloin，是一种里脊肉，Farmer John或者Trader Joe's的用下来都很好，这两个品牌的里脊都是单条包装的，我家中常备，随时可切肉丝肉片。

我们先来做春卷馅，黄芽菜肉丝春卷是上海人民最最喜闻乐见的，也是春节必吃的点心，家家户户都会做，但还是有点诀窍和说头的。

首先，把黄芽菜切丝，具体的方法是在根部横着切一刀，离根部一二公分的样子，去除老根，这时最外面的几面叶子就可以取下来了，取到拿不下来之后再横着切一刀，又可以拿下几片菜叶来，如此一直取到菜心露出来，小小的一个，尖尖的，菜心可以留着做开水白菜。把菜叶仔细洗干净，特别是最外面的几张，在朝里的那面有时会有泥沙，要注意。

把切下来的菜叶，凹面朝下放在砧板上，一片片以同一个方向码起来，摆整齐后横着切丝，大约小手指的宽度。四五张或五六张一叠，切完一叠再码一叠再切，切完的丝直接放在一个大锅中，一棵大白菜可以放满满的一锅，也不过做上一斤春卷皮子的量。

锅中已经有菜丝了，倒点油下去，如果你是先煸肉丝的，可以加入煸肉丝的油；开大火翻炒，等到声音起来，改成中小火，此时油已经翻匀了，不用管它了。

切肉丝。一条里脊是圆柱形的，正确的切法不是像切香肠那样切下一个个圆片然后再切丝，那种切法太麻烦了，你的锅上还烧着黄芽菜呢，要快速地三下五除二把肉丝切出来。

听我说，把里脊横放在砧板上，用左手压定，右手持刀，刀面卧平，从右侧底部入刀，批出一片长方形的肉片来，厚度大约是一到两个硬币的样子，把批出的肉片放在里脊的前方，然后再批下面的一片。如此，一眨眼的工夫，一条里脊就成了七八片同样大小的长方形肉片，将它们每一片错开一点排起来，竖直了刀直接切丝，把厚度改成宽度就可以了。这样的方法不但快，且切出的肉丝长短是一样的，只是批肉片要点基本功，这反正是包在里面的馅，正好练练刀工。

切好的肉丝，加料酒，加盐，加淀粉，再加一点点水抓一抓，然后加油没过肉丝，用筷子搅拌均匀，要保证肉丝根根分开。

冷锅冷油滑肉丝，你就家里滑一点点肉丝，可别指望意气风发地用铁锅热锅冷油，保证你会手忙脚乱的。热锅冷油的锅，要比家里不知热多少；热锅冷油的油，也要比家中不知多多少；最最关键的，热锅冷油的肉丝，也要比炒黄芽菜肉丝的量多好几倍。在家里，用不粘锅，把拌好油的肉丝倒在锅中，然后点火，用最大的火，用筷子划散肉丝，待有声音起来，肉丝开始变色，改成中火继续划散，等到大多数肉丝变色，连油带肉丝倒在一个容器中，用油浸没，随用随取。有个别肉丝还是生的，没关系的，因为还有个二次加热的过程。

将香菇去根，切丝，香菇不用多，意思意思就可以，把香菇丝放到锅中与白菜一起煮，其间要稍事翻动。黄芽菜丝会出许多水，从一开始下锅到切完肉丝再滑油再切菇，十来分钟的样子，黄芽菜开始变软了，把肉丝加到黄芽菜中，比例大约是在体积上的一半。

改成大火翻炒，待黄芽菜彻底变软后加盐勾芡。盐，不要太多，太过则会掩盖黄芽菜的香甜;芡,是湿淀粉勾,不能太厚,厚了吃到嘴里一口糊,哪怕过厚了一点点,吃到嘴里都黏黏的,不清爽。

有人说,勾芡这么难,那就不勾呗,吃着不是更好?是的,吃着是更好,但馅子里的每一滴水,都会浸透春卷皮,继而穿破春卷皮,等到炸春卷的时候,就有得苦头吃了。

所以,黄芽菜肉丝馅的芡,是一定要勾绝对要勾的。取一个小碗,放淀粉加水拌匀,然后开大火,倒入三分之一的湿淀粉,用筷子快速搅拌馅料,如果锅中的汤汁依然可以流动,倒入剩下淀粉的三分之一,如此反复,直到汤汁不再流动为止。这样一来,所有的水分都被锁住在馅料里,不怕弄破春卷皮了。有些朋友的春卷一炸就破,原因就是没有勾芡或芡太薄。

关火了,撒一点点白胡椒粉,拌匀后把馅料装到一个可以密封的盒中,随用随取。

然后是包春卷了,我们说“仿”,是指仿美新的味道,你不用刻意地把每个包得大大小小方方圆圆的。

“第一家”的春卷皮是速冻的,包装上以图示标明使用前要解冻三刻钟,实际操作半个钟头的解冻时间也够了。解冻后的皮子是黏在一起的,要从角上掀起一点然后顺势揭起。记住,吃多少揭多少,不要一次都揭开。

可以包了,把春卷皮放在面前,我是面前放块砧板,在砧板上直接包的,朋友们拿个盆子拿厨房纸,都可以。速冻的春卷皮是方的,上下角垂直放,就是左右有两个角,上下有两个角。

目测把上下角之间分成三等份,在靠近下角的那个等分点上,横着放上一条馅芯,两个小指的粗细,三等份中两份的长短,你不必用尺去量,全靠目测。然后,把下角往上翻,包住馅心,再把左右两边向当中折起来,折的时候不要把边折成垂直的，那样往上翻的时候会散成梯形，现在要把两条边折成上面小下面大的形状，接着把包着的馅心一起往上卷成一卷，两边散开，正好变成平的。

最好是一个人包，一个人炸，包好一个就往油锅里放一个。还是用不粘锅吧，放点油，把油烧热后改用中火，炸所有的东西其实都不是太大的火，否则外面焦了里面还没有熟，炸东西要靠耐心的，其实大多数好吃的，都要靠耐心。

除非包得很紧，大多数情况下春卷是扁的，那么就分两面来炸，春卷放入油锅后不用急着翻面，待从边上看得出发黄的时候再翻，色面正好，等到两面都炸好，就可以搛出来盛盘了。

大多数过年的场景是一个人包一个人炸，其他几个人吃，所以不是一盘二十个炸好上桌的，而是边炸边吃，三个五个这样上桌的，春卷就是要吃个热吃个烫，要一口咬下去有股热气冒出来，才是最好的。象征着新的一年热火朝天，蒸蒸日上。

最后一句是我瞎掰的，吃东西就吃东西，哪来每样东西都有说头的？前几天看到一篇“上海人年夜饭必食”的文章，说是上海人年夜饭必有“塌窠菜”（原文作“塌棵菜”）乃是因为谐音“脱苦菜”之故。我想说的是：“朋友侬帮帮忙哦，侬以为上海人像倷乡下头一样侪是苦人啊？年夜饭，又勿是忆苦思甜饭，脱侬个魂灵头苦啊？”

牛肉酥饼

上次写到了转基因,有人问我为什么不在私房菜中写明。我写什么呢?难道我在私房菜馆墙壁上写一条“本处所有食材采用转基因”?我也得找得到那么多转基因不是?刻意不吃转基因与刻意要吃转基因都是种病,此处“转基因”可以用“手作”“有机”“健康食物”“不健康食物”等各种东西代入,刻意坚持做或不做任何事无法妥协的都是有病,哪怕那是个好习惯,病还是病。

当我在淘宝上卖辣肉时,就写明“不保证有机猪黑毛猪,不保证非转基因油,不保证……只保证好吃”,其实我用的是融氏桶装玉米油,市售的“正常”油中最贵的,我说的正常是指大工业生产的,而非各种打着任何名义售高价的作坊油。

说回私房菜,上次写到私房菜后,有朋友很感兴趣,让我多聊聊。私房菜可以聊的东西太多了,比如定菜单,就很有趣。

我是2016年的4月5日到美国的,在上海的最后一场“阁主家宴”是在4月3日,菜单如下:

八冷菜:上海毛蚶、上海色拉、上海酱鸭、四喜烤麸、松仁马兰头、江蟹生、烤子鱼、软烫素鸡。

十热菜:椒麻牛百叶、糟溜黄鱼脯、红烧河鳗、红烧肉、藤椒沸腾虾、虾子大乌参、酒香草头、青椒大肠、响油鳝糊、香椿炒蛋。

汤:腌笃鲜。

点心：海派春卷。

因为那时还是春天，依然有春笋卖，所以汤是腌笃鲜。还记得吗？我不用味精用鸡汤，剩下的鸡汤就做了腌笃鲜，用鸡而不用鲜肉，倒是个“古法”，不是我发明出来的；上海有些美食评论家不明就里，给汪姐私房菜的同一道菜起了个“鸡笃鲜”的名字，这就露怯了。

一般上海人请客，鸡鸭鱼肉虾蟹再加些时令菜。鸡，腌笃鲜有了；鸭，酱鸭，上海酱鸭和苏州酱鸭的做法是一样的，酱鸭的酱是反复使用的，每次做好就留着，下次再加点酱油加点糖，老卤的才好吃，我哪怕连着做三天，三天的酱鸭是分三天做的，事先做好会发咸，不过大多数人吃不出来。

鱼，是河鳗，黄鱼脯只是个热炒小品，不能算大菜的，冷菜中有个烤子鱼，说是烤，其实是炸的，烤子鱼刚上市，也算是时令菜；其实黄鳝也是鱼，但好像上海人从来不把它当作鱼菜来点的，要整条的大鱼，才算是“鸡鸭鱼肉”中的“鱼”。

肉，当然是招牌菜红烧肉了，我开了几百场私房菜，好像只有一两次客人说不要红烧肉的。青椒大肠是加给客人的菜，标准的是八道热菜，收官作加了两道热菜。青椒大肠从没在我的私房菜中出现过，那回客人事先说想吃大肠，我说我现现本事，红烧的不稀奇，白烧的才见功夫，就做了这道青椒爆炒大肠，大肠是事先煮酥的，要洗得干干净净才行。

另外送的一道菜是香椿炒蛋。那时香椿刚刚上市，真真正正时鲜货，我去菜场时看到，自己想吃，就买了来，让客人也尝尝鲜。

冷菜中也有两道时鲜菜，马兰头刚上市，另外一道是毛蚶，毛蚶要天热起来才有，上海的4月很赞的，既有春笋，也有毛蚶。毛蚶是不能明目张胆在菜场卖的，上海明文规定不准卖毛蚶的，只有与摊主混熟了，才买得到。

摊主甚至连藏在摊子底下都不敢，被执法的搜出来可不得了，一次一万块钱罚款；他只能把毛蚶藏在卖蔬菜的那儿，等到像我这种人去了，给了他钱，去蔬菜摊拿。

那天的菜，不是最典型的一顿，这顿中有三个内脏做的菜，一般我不会这么搭配的，除非客人要求。但如果把大肠和牛百叶去掉，还剩八道热菜，看上去就正常了。大菜是虾子大乌参，这道菜是上海菜中最高级的了，还有一道是红烧大排翅，但我反对吃鱼翅，不吃也不做。

这席菜，大多数是传统上海菜，但藤椒沸腾虾就不是，之所以会有这道菜，一是因为我有个朋友去四川带了新鲜的青花椒给我，又碰巧我有只上海人家不太会有的石锅，于是就设计了这道菜；然而最后上菜时并没有用石锅，而是用了平时盛菜饭的木桶，木桶其实是假的，里面有个不锈钢的胆。

每一场的私房菜，都是这么搭配出来的，有荤有素，有鸡鸭鱼肉虾蟹，热菜有了蟹冷菜就没有，有人不要大乌参就换成生炒甲鱼，反正有了个基础菜单，就很容易定出一桌相宜的席来。

然而在家做菜就麻烦多了，我几百场家宴就烧了几百只酱鸭几千块红烧肉，可是在家的话，你不能天天烧酱鸭、红烧肉吧？再好吃的东西，天天吃，也会吃厌的，别说天天吃，哪怕一周吃一次红烧肉，好像也太多了。

在家做菜最头疼的，就是想菜了。问家人吧，总是“随便”，随便是天下最难的一道菜。一般情况下，“随便”表示不能出现最近吃过的三十道菜，当然这视人而定，如果你只会烧五道菜，那自然也就没有这种假定了。不开玩笑了，只会五道菜的压根不会有我的烦恼，因为他们家一定不是他烧菜。

这不，我昨天突然想不出吃什么了，虽然两个冰箱都塞满了东西，我还是想不出来，到 Albertsons 逛了一圈，买了棵球生菜。看到有种 Fresh uncooked tortilla，灵机一动，做牛肉饼吧。

Tortilla 是种饼，墨西哥的东西，念作“脱提亚”，通常是用玉米粉做的，也有用玉米粉加面粉做的，我买的这种是用纯的面粉做的，只有面粉、水、菜油、糖和盐五样东西，如果时间够，完全可以自己做。

一份水四份面粉，水要温水，水中加一调羹油，你家炒菜用什么油就用什么油，加一点点糖、一点点盐，搅拌均匀。把面粉放在砧板上，当中挖个洞，倒一点点水在洞中，把边上的面粉往当中推，再倒点水，再推，直到将水倒完，面粉就揉成一个团了。一开始的时候，面粉是黏黏的，反复揉，到后来面粉团就光滑了。让面粉醒一下，半小时的样子，洛杉矶太干燥了，要用保鲜膜把面粉团包起来。

面粉醒好，在砧板上撒点干面粉，薄薄的一层即可，先把面粉揉成粗条，再等分成比乒乓球小一点的段。拿起一“段”面粉来，揉成一个小球，放在砧板上，压扁，再擀成一张很薄很薄的饼，不会擀的话，就用手压也可以，越压越大越压越薄，不要擀成一样厚薄的，当中厚一点，边缘薄一点。

我建议你醒面粉的时候，把馅料做好，这个馅和那次酿彩椒的是一样的，就是一磅牛肉、大半磅蘑菇、一只正常大小的洋葱。这回要弄得比上次细一点，洋葱太大粒会弄破面皮的。我偷了个懒，把蘑菇去根后一切四，再把洋葱切成相仿的块，然后用 Vitamix 低速打碎，再用 Kitchen Aid 把牛肉糜和洋葱蘑菇碎拌匀，其间加入盐和黑胡椒。正好花园中的牛至和百里香疯长，我用了四枝牛至和三枝百里香，洗净后捏紧茎条把叶子撸下来，扔在馅料里一起拌匀。

然后就很简单了，用把调羹舀三四勺的馅料放在面饼当中，摊开，不要太厚，厚了不易熟。边上留半公分左右，不要铺牛肉馅，然后覆上另一张面饼，把上下两张面饼的边用力捏在一起，不捏的话，简单地用力按压，也能按在一起。

拿个平底锅，放点油。油不用多，意思意思就成。放入做好的饼，用中小火烘煎，煎一面大约两分钟左右，翻个面再煎两分钟，煎到两面金黄就可以了。

你可以一边做一边煎，掌握节奏，很快就能做出一堆来。这些馅料大约可以做出十到十二个牛肉饼，一次吃不了的，可以用油纸隔开，把生坯冻起来，想吃的时候，直接拿出来煎就可以了，不用事先化冻。

煎好的饼可以直接吃，也可以切开装盘，甚至可以卷起来冒充牛肉卷饼吃。

很简单是不是？想不出吃什么的时候，可以试试看。

鲜肉月饼

又到了一年一度的月饼季了，从网上的消息来看，月饼界也是年年有奇事。上海第一食品商店推出了酸菜牛蛙月饼，成为有史以来第一款需要吐骨头的月饼，同时推出的还有芝士大虾月饼、鲍鱼鲜肉月饼等；而静安面包房也不甘示弱，卖起了芝士小龙虾月饼；老牌月饼供应商新雅粤菜馆则有了腌笃鲜月饼、芝士大虾月饼；王宝和则是离不开自己的老本行，做起蟹粉明虾月饼。除了这些之外，还有老干妈月饼、榴莲月饼、燕窝月饼等各种千奇百怪的搭配，有人说是“争奇斗艳”，在我看来根本就是“群魔乱舞”。

我心目中好吃的月饼，只有两种，一是莲蓉蛋黄，一是鲜肉月饼。莲蓉蛋黄有单黄双黄，有黄莲蓉白莲蓉，我都喜欢，不要太甜就好吃；鲜肉月饼就更喜欢了，我在上海住黄河路北京路时，每到月饼季，星火日夜商店会摆出一个临时的柜台，现烤现卖老大房的鲜肉月饼，我就经常跑去现买现吃，很是享受。

星火日夜商店在北京路西藏路，周围居民少，又没有游客，所以不用排队；然而过一个街区就是南京路步行街，泰康食品店的鲜肉月饼，一年四季没有一天不排队的，到了月饼季更是每天都有数十人排队等开门的，我那时晨跑天天路过泰康，不到七点就已经排起了长队。月饼排队最厉害的，当属淮海路上的光明邨，据说要前一天晚上就去排队，通宵才能买到，报道中说至少要排上九个小时，才能买到。

对我来说，买吃的东西或者饭店排队，一个人的话我的极限估计是一刻钟，有人陪我一起的话，也许能延长到三刻钟，这还要取决于是吃什么以及是谁陪着我。细细想来，我几乎就没有排过什么队买吃的或者等位子，我现在能记得的好像只有在上海静安寺那里等过一次达令港的位子。

我不是个有耐心的人，所以我不等；然而其实我是个很有耐心的人，一样花时间等或者跨越很长的距离只为了一样吃的东西，我就去学会它，“授人以鱼不如授人以渔”。对自己来说也是一样，哪怕有时间排，排到也就吃上一回，自己学会了，一生受用，什么时候想吃就吃，用最最时髦的网络流行语来说，叫做“风雨无阻”。

鲜肉月饼，是我最喜欢的东西之一，其他还有小笼、生煎、葱油饼以及烧卖和锅贴，除了烧卖以前写过之外，别的都没有，我打算一件件写出来。

有一次，我写洋人在家里做面包也不会很精确地计量，结果被骂了，有人说：“做烘焙怎么可能不精确？”我想告诉你的是：这玩意还真精确不起来。不同的面粉，我说的不是高筋粉低筋粉之类的，而是最普通的面粉，不同的品牌或者相同品牌的不同批号，需要放水的量就有不同。

有人说，我照着这个方子，次次都很成功。有吗？有的！但你知道为什么吗？那是因为你做的量小，误差没有被放大。你做一斤面条，照着方子次次都很成功，但你要是做一百斤面条，把方子放大一百倍，在干燥地区像洛杉矶或潮湿如上海的地方，在冬天与夏天，都放同样的水，我保证你会失败的，默守着方子，是做不好点心的。

默守着方子，不仅是点心，什么都做不好。哪怕是红烧肉，买来的五花肉还有老嫩肥瘦的区别，不说别的，就是大小厚薄也不相同，所以每次烧煮的时间、调料的配比，都是有变化的。

就拿鲜肉月饼来说吧，就要随时调整配比。鲜肉月饼是一种起酥点心，其原理是用水油皮包住干油酥，然后再擀成酥皮，要求水油皮与干油酥的软硬度相同，否则的话就要出问题了。如果干油酥硬了，擀的时候会戳破水油皮，也就是破酥；而水油皮太硬呢，就分不出层了，叫做混酥，也叫走酥、穿酥、跑酥。

好吧，分量还是要给出的，但是大家记得，要随时调整哦，配方如下：

水油皮：中筋面粉 210 克，猪油 70 克，水 110 克，糖 5 克。

干油酥：低筋面粉 150 克，猪油 75 克。

先来做干油酥，找个容器，放入猪油，把猪油切切小，然后放入面粉，拌啊拌的，用手也可以，手的温度会融化猪油，捏几下就匀了。猪油当然是自己熬的香，可是洛杉矶没有肉膘卖，好在有现成的猪油，有种 Farmer John 出品的红白盒子的猪油就挺好，一面写着英文的“Lard”，另一面则是西班牙语的“Manteca”，大多数老外店里都能买到。做好的干油酥，用保鲜膜包起。

然后做水油皮，水油皮的水要用热水，那样的话可以使面粉不起筋。同样找个容器，先放面粉，再加糖，然后把热水倒入，面粉就成絮状的了，加入猪油，同样拌匀。把水油皮团起来，用手戳戳弹性，再试试干油酥，看看它们是不是软硬相同，如果水油皮比干油酥硬，加一点水，反之加一点面粉。同样用保鲜膜包起来，洛杉矶太干燥，都要用保鲜膜包起来。

让两个面团醒十五分钟，利用这段时间，我们来拌月饼的馅，配方是一磅猪肉糜加 75 克的葱姜水。我用的是啤酒，把葱姜拍碎，浸在啤酒中。肉糜中放入生抽，搅打起劲，再放老抽、胡椒粉、糖、麻油和葱姜水，全部拌匀，让肉糜把水吃透，整个肉馅成为糊状即可。我现在鸟枪换炮了，以前我是用四根筷子打的，还要把肉糜拿起来摔，现在我用 Kitchen Aid，机器打可真的比手打省力多了，以后再做蛋饺，再也不手打了。有人问老抽、生抽什么的，各放多少，我的回答是少许，特别是老抽，要放，但只能是一点点，要让肉糜不是本色，却又可以看得清。

网上有人说肉馅最好在冰箱里放过夜，我没试过，也不是太能理解所为何来。

待面团醒好，就要包酥了，也叫制酥或是开酥。在案板上撒上干面粉，然后先把水油皮放在案板上，擀成一块长方形的面皮，不用太大，只要能够包得起干油酥就可以了。把干油酥捏捏方，放在水油皮的当中，拢起四周包裹住干油酥。把包好的面团擀薄，力气别太大哦，破酥可别怪我哦。

只要前后擀，擀成一张长方的饼，然后将之折起来，折成三页，“Z”字形的折法。再擀一次，这回先前后擀，再左右擀，擀成一张大大的长方形。有人说我擀来擀去擀不方，怎么都是圆的？是呀，你一开始就是个团，怎么擀得方，要一开始就做成方的，才能擀得方呀。

然后把这个长方形从顶上开始往下卷，尽量卷得紧一点，往下卷的时候，用双手的四指往后撸，用大拇指垫在下面往前推紧，都要轻轻地哦，弄破了就不行了。卷的时候，要注意两头，如果有面饼顶出来，要塞回去。

现在是一条了，我不能叫它面条吧？然后将之分成剂子，我给出的量是十五个月饼的，你们自己想办法用刀等分成十五份吧，我是用手指去“侬”的，大约比二指宽一点的样子。

取一个剂子，用手压扁，再用擀面杖擀扁，你不要显本事哦，心想尽量擀薄，结果擀出大大的一张面皮来，那得包多少肉进去啊？关键是饼皮太薄了，酥不明显，就不好吃了。

擀到多大呢？比我的手掌稍微大一点点，我的手多大？四指合拢与

iPhone X一样宽，手掌再稍微宽上少许。舀点肉馅放在面皮上，大约中式调羹满满一调羹的样子，用左手拎起面皮，右手捏住边上的面皮，折起交到左手，左手捏住，右手再折起递到左手，一下一下地捏起，就像做包子一样，十八褶包起整个月饼。

十八褶是我说着玩的，反正只要这样包起来就好了，这时这个月饼还是个球，放在案板上，轻轻地压成一个饼，大约六个 iPhone 的厚度。我随口说的，谁会去找六个 iPhone 来比啊，一个半指节的样子吧，这样靠谱点。

等十五个月饼都包好，把收口的那面朝下放在烤盘中，用 375 华氏度烤二十分钟，然后翻个面，再烤半个小时，然后就可以趁热吃了。

我这种做法，叫做大包酥，也叫全包酥，就是先包酥再分成剂子的。还有一种做法，是把水油皮和干油酥先等分好，包一个擀一个做一个，所以也叫小包酥或单包酥，速度要慢上许多，鲜肉月饼这种“粗货”不值得这么做。

有人是用平底锅烘的，也可以，光明邨就是用大平底锅的，对的，生煎馒子。用平底锅烘的话，要刷一点点油，然后把鲜肉月饼放入，用小火慢慢烘，大约正反面各二十分钟的样子。平底锅烘出来的，较烤箱烤出来的要颜色深一点，味道是一样的。

上海王家沙的鲜肉月饼是加榨菜的，各位也可以切点榨菜试试，除了榨菜之外，还可以试试放扁尖，效果应该也不错。然而变化也就到此为止了，千万不要尝试什么麻辣鲜肉、海鲜鲜肉什么的，会让你怀疑人生的。

“包脚布”与可丽饼

我算是个对文字有点敬畏之心的人，虽然我有时也写错别字，但我并不会故意用谐音去骂人，也不会存心错用文字的本意。

特别是好好写文章的时候，我更是注意这点，它们以后都会变成印刷出来的书，要为自己留点脸面，若干年后要给儿辈孙辈看的，他们可不理解你是“年少轻狂”，到时肯定打你个“老不正经”。

食物中也有好多不正经的名字，“西施舌”与“贵妃乳”算是比较香艳且流传较广的，分别指沙蛤肉和鸡头米；别和我抬杠，各地的附会都不一样，有的地方指的是别的东西，可怜的西施，也没逃过“西施乳”，那是苏东坡给河鲀起的别名。那“棺材板”则更促狭一点，是台湾人发明的一种把方面包挖空再充填的小吃。

食物不是文字，所以有些奇奇怪怪的名字是很正常的，“夫妻肺片”“麻婆豆腐”更是喜闻乐见。“吃”哪怕真是文化，也是“俗文化”的一种，不要以为现在有了点钱了，坐在有字画的包房互相灌酒就成了“雅”，别以为能和文武昆乱的名角同桌吃饭就脱了“俗皮”，你还能比得过天天住在有着琴棋书画勾栏的柳永去？人家也没说自己玩的叫“雅”。

“吃”，就是“俗”的，俗又不丢脸，丢脸的是把俗的认作雅，还要别人认作雅。俗，不要紧；俗不可耐，也不要紧，要命！

“包脚布”，就是个俗不可耐的名字，我们小时候，这样食物并不叫“包脚布”，而是另有其名，想出这种“恶形恶状”名字的人，简直应该枪毙个三五十回的。

那玩意，我们小时候就叫做“薄饼包油条”，上海人在食物方面挺缺乏想象力的，大多数东西都是直呼其名，做法加上食材，一目了然；我们甚至不知道“油炸鬼（桧）”是个什么玩意，我们只知道叫做“油条”。

油条，就是天津人说的“果子”，也有写成“裹子”的，原因是“裹在里面的东西”。大家都听说过“煎饼果子”吧？是一种与“薄饼包油条”差不多的东西，只是人家的饼是用绿豆面（干绿豆磨成的粉）加小米面（粉）一起调的，据说绿豆面的成分越多越好吃，然而又不能完全是绿豆面，因为没有黏性，做不成饼。绿豆面饼包油条，就是天津名点“煎饼裹子”，我喜欢用“裹”字。

到了山东，不用绿豆面了，改成玉米面或是杂粮面，也是调成了糊，做成饼；也不包油条了，包脆饼，一般叫做“杂粮煎饼”。上海呢，面饼是用面粉也就是小麦粉调的，包的是油条。

这玩意，源起山东，往北入天津入北京，在天津出了名。往南呢？先是到了江苏，严格说是包括淮北的江北，由江北人逃难带到上海，也成了上海有名的小吃。

让我们来看看上海的薄饼包油条的做法：一块大的圆的没有边的铁板，搁在大柏油桶改成的炉子上，过去是烧柴烧煤的，如今都烧煤气罐了。摊主先用油刷在铁板上刷层油，然后从盆里舀一勺面糊浇在铁板上，永远只有一勺，不多也不少，正好一勺。

然后摊主拿起一个竹蜻蜓状的东西，把竹蜻蜓的细杆捏在手里，把竹蜻蜓的翅膀搁在面糊之上，手腕轻轻一转，从铁板的中心向外打转，直到面糊摊满整个铁板；紧接着，摊主将一把三角铲塞到薄饼的下面，前后左右各一铲，把薄饼翻个面。可别小看这一铲，是有讲究的，先入铲刀的地方是竹蜻蜓最早摊出来的方向，然后是照着竹蜻蜓转动的方向铲的，这样才能保证整个饼受热均匀，仔细观察就能知道窍门。

翻饼的时候，右手的铲子还在手里，翻过之后，左手拿个鸡蛋起来，迎上右手的铲刀正好敲破，单手掰开鸡蛋，右手的铲子跟上划散鸡蛋，左手扔掉蛋壳，顺势已经拿起一把葱花，撒在刚结了一半还没凝固的鸡蛋之上，右手再将混合了葱花的蛋液摊匀。过去只有葱花没有香菜的，上海人以前不吃香菜；现在还多了一步，榨菜末，最早的时候，是没有榨菜末的。

接着是涂酱，上海人吃口淡，买来的甜面酱还是太咸，所以酱是用甜面酱烧过的。左手持调羹舀酱，右手拿铲抹匀，左手放下调羹拿起油条，横放在铁板中部靠下的位置，右手执铲再次插入薄饼最下面的地方，左手帮忙往前卷起，就成了一副薄饼包油条了。

过去的薄饼包油条是没有辣的，后来才开始备一瓶辣酱，客人想要辣是要和摊主事先说明的，到了现在，不要辣才得事先讲清，否则“缺省”就是有辣的。也没啥，天下的口味就是变化的，这玩意到上海来之前还不放鸡蛋呢！别和我吵，说你从小吃的煎饼就有鸡蛋的，在没有大型养殖场之前哪来那么多的鸡蛋？现在还有地方是不放鸡蛋的呢！中国拉面传到日本后还每碗加半个蛋呢，中国拉面至今也不放蛋，很多事，没必要玻璃心。

说到蛋，上海的薄饼包油条，蛋是包在里面的，外地有地方是包在外面的，那样的问题是拿在手上手感不好，至少我不喜欢。以前上海也有蛋在外面的，在长途汽车站的门口，一排卖薄饼包油条的，一个个事先做好码得高高的，南来北往赶时间的客人，停下买个金黄灿灿的薄饼包油条就冲进客站，及至买票进站上了车，才定定心心坐下吃。

吃的时候发现不对的，那玩意“有蛋色没蛋味”。原来，外面的黄色的确是蛋，然而却不是一整只蛋，而是门口的大妈一大早打了一大缸鸡蛋，打碎打匀在一起，每摊一个饼，就用刷子刷一层蛋液；你想呀，一张蛋皮有多少蛋？蛋皮还是摊出来的呢，这玩意压根是用刷子刷上去的。

过去，汽车站、火车上，全是此类骗人的东西。记得当时坐火车，一个盒饭五块钱，要知道城里一个盒饭也就两三块钱，还保证吃饱吃好。不过火车上的盒饭，两块大排两个荷包蛋，有人就一家买一盒分着吃。等你买下才知道，面拖的大排全是面粉，里面的排骨其薄如纸，至于荷包蛋，是一层蛋白皮上顶一个蛋黄皮。

想想也是，这可全是手工活啊！材料是少了，可人工上去了不是？真该让如今的小清新们见识见识。

有“极端上海人”不能接受上海名小吃是江北人传到上海的山东货，于是居然考证出薄饼包油条是从法国传到上海的，理由是上海货主料是面粉没有杂粮，法国货主料也是面粉没有杂粮。

他们说的是“可丽饼”，法文写作“crêpe”，英文省去发音符号直接写作“crepe”，面糊由面粉、鸡蛋、黄油、牛奶、糖和盐调配而成，制作的器具也是无边铁板与竹蜻蜓。中国市场上常见的，是“日式可丽饼”，草莓、奶油、巧克力酱和冰淇淋，一般卷成一个圆锥形，拿在手里很漂亮；日式可丽饼是把圆形的饼对折或三分之一折，成为一个半圆形，然后在左边或右边的扇形区域码上料，再以扇形卷起，直到成个锥形。

法国式的可丽饼就低调一点，里面的东西要少一点，一盆两三个。美国人也喜欢吃可丽饼，饼的尺寸明显要比法国的大，甜的放草莓、香蕉、罐喷奶油，以及一定一定要有的“巧克力榛果酱”，最常见的牌子是“nutella”，第一个字母是黑色的，跟着鲜红的“utella”，大家都知道费列罗巧克力吧？里面的夹心就是这家伙，谁让 nutella 是费列罗集团最赚钱的东西呢？

美国人也喜欢咸的可丽饼，那搭配就多了，但总要有肉有起司，别和我说素的咸的，那不是主流。其实，包什么不行呢？全世界用饼包着吃的东西，从面皮到内容物，可谓千奇百怪什么都有，从中国的春卷、越南的夏卷到印尼菲律宾的 lumpia，再到中东的皮搭卷、希腊的 gyro 乃至墨西哥 burrito，不都是各种的“薄饼包其他”吗？

在家里，不太可能去买个无边铁板来，虽然亚马逊上还真有可丽饼铛卖，但你肯定不会熟练地使用竹蜻蜓，所以就用平底锅来做吧。

怎么做？看我写过的“面馅饼”。

包什么？想包什么包什么，只要你包得起来，包得起来包起来，包不起来卷起来，卷都卷不起，把东西放在面饼上一起吃。

最后，再说两句。

第一句，包脚布的名字实在是俗不可耐！

第二句，薄饼包油条真是从山东由江北人传到上海的！

迷你粢饭糕

上海很大，以至于在一个城市中，虽然说的都是上海话，可依然会有些微的区别。若是徐家汇的人碰到五角场的人，彼此可以从对方的上海话中听到一些自己平时不用的词语，不同地方的上海人，在语速语调语气上，都有不同。

比如有个词，钱乃荣教授将之收到《上海话大词典》中，说是“粢饭糕”可以用来形容疯疯癫癫令人讨厌的女孩子（非原文，手头没有，不高兴去查了），说是“粢饭糕”谐音“痴烦搞”，听上去挺有道理的。我从来没有听说过“粢饭糕”可以这么用，我身边也没有“痴烦搞”的女孩子。

你去问任何一个上海人“粢饭”是什么，他们都会说就是糯米饭；你去问任何一个上海人“ci 饭”怎么写，他们都会告诉你，是“‘次’下面一个‘米’字”。

与“焗”被“发明”成了“焗”而又正好有“焗”这个字一样，“粢”也是被“发明”出来又正好有这个字，于是成了有特色的“上海话字”。

“糍”，念作“词”，指的是糯米制品，从台湾到成都，但凡“糍粑”“糍团”“糍饭”，都是“糍”；估计是糯米饭传到上海时，有人告之读作“糍”，及至要写又不知道怎么写，于是用“次”作了声旁，用“米”作了形旁，于是有了“粢”字，没想到，中文中本来就有这个字，就以讹传讹地沿用了下来。

我开玩笑的啦，“焗”的故事是真的，“粢”不是。“粢”是个多音字，念“资”时表示“稷”，即没有去壳的小米；念“词”时，则是一个古字的通假字，这个字是“餈”。

餈,什么意思?稻米饭饼。“餈”是一个比“糍”正宗得多的字,后者在《康熙字典》与《说文解字》中都没有收录,而“粢”与“餈”则都有。

有人说“粢”用于饭团,而“糍”则用于饭糕,没有的事!粢饭糕是一个在《周礼》中就有的东西,《周礼·天官·笾人》:“羞笾之实,糗饵、粉餈。”郑玄注:“此二物皆粉稻米、黍米所为也。合蒸曰饵,饼之曰餈。”什么意思?就是稻米饭饼叫“餈”,也就是“粢”。

我们来做粢饭糕。

首先纠正一个上海人的误区,就是“粢饭”不是纯糯米饭,甚至有的粢饭糕一粒糯米都没有。

粢饭糕有两个流派,纯大米的和加糯米的,街边摊大多是纯大米的,糯米比大米贵多了,街边摊谁舍得用呀。饭店版,大多数都是糯米加大米的,没有纯糯米的粢饭糕,纯糯米的叫糍粑,做法有很大的不同。

家里做,很简单,听我慢慢说。取一份糯米,洗净后浸泡几个小时,然后与等量的大米混合在一起,淘洗干净后用电饭煲烧成饭,水要比平时烧饭少一点,稍稍超过米面就可以了。这是一比一的比例,糯米的量不能再多了,除非你想做粢饭团,然而要油炸的话,糯米绝对不能超过大米,否则会变得很黏,炸的难度就高了。

待电饭煲一跳起,就拔电,否则会有硬硬的饭焳。趁热,把饭打松,打松的同时,撒入盐,你不会拌得很均匀的,所以拌几下,撒一点,不要很多的盐,稍稍意思意思就可以了。

注意,是打散打松,不要不停地搅拌,否则米饭会挤得越来越紧,成品没有“松”的感觉,严格地说,是失败的,粢饭糕要求炸好之后掰开,米饭还是粒粒分明的。

找个玻璃饭盒，在乐扣乐扣流行之后，每家每户都会有几个玻璃饭盒的，找盒壁直一点的用。在玻璃饭盒中涂一层油，把煮好的饭放入玻璃盒中，压紧，压的时候在面上覆一张保鲜膜，用手抹平表面。还是老话，不要太紧，糯米有黏性，不用压实也能粘在一起的。对的，要方的饭盒，实在不行用圆的，到时再修吧。

加盖，放入冰箱，起码过夜。

第二天，把玻璃饭盒拿出来，揭盖后将整个玻璃缸倒在砧板上，用力拍几下盒底，米饭会整块地掉出来，方方正正地躺在砧板上。

刀上沾一点水，切块，追求极致的朋友，可以先把整个一块修成一个四面垂直的长方体，切下的东西也能炸，只是别摆盘别上桌就是了。

每一下入刀，都要在刀上沾一下水，否则饭会粘在刀面上，很麻烦。厚度大约是一个手指的粗细，大小和形状其实是无所谓的，有人喜欢脆脆的口感，那就切成条，像我这种喜欢当中松软的米饭的，则尽量切得大一点。正方形长方形只是最容易处理的，你真要切个心形去拍女朋友马屁，也是没有问题的。

找个小而深的锅，放油，油面要高于粢饭糕的厚度，我用的是个很小的平底锅，煎蛋的那种。点火，待油温起来后，放入粢饭糕，把油温调到中火。

油炸是个考验耐心的事，油温不能过高，要慢慢地炸才行。新油又很难上色，饭店都是老油炸，一下子就能炸到金黄，家中肯定不会备老油，不健康嘛。

你就慢慢地炸吧，不要频繁翻动，一次炸个几块，放下后，有时它们会碰到一块粘在一起，不要急，等炸硬了就会自己分开，待粢饭糕炸到金黄，就从油里捞出来。

高级版的粢饭糕，在拌饭时放入火腿、开洋或苔条，就需要更低的温度来炸，否则放入的东西容易发黑，就不好看了，我还是喜欢纯的粢饭糕。

粢饭团也很好吃，我指的是上海粢饭团，台式的不大符合我的口味，下回我们来做粢饭团。

羊角三明治

“她不知道哪来的优越感，拎个香奈儿了不起啊？”我不知道拎香奈儿了不了得起，但我知道说这句话的人，一定没啥优越感，一定买不起香奈儿。是的，她的存款有可能超过一只香奈儿，但是这钱是要留着交房租的，是要留着给孩子上幼儿园的，是要寄给乡下的父母的，还要供老公的妹妹上大学的，不是说存款高于货价，就叫“买得起”的。有人说，可能她喜欢的是爱马仕呢？喜欢爱马仕的人不会觉得拎香奈儿在秀优越感的。也有人说，那是因为拎香奈儿的嫁了个好老公，完了，就是说：连老公都没人家的好。

我一向反对歧视，我甚至很反感歧视链这种说法。喝意式浓缩咖啡的看不起玩手冲咖啡的，手冲的看不起星巴克，星巴克看不起真锅，真锅看不起胶囊，胶囊看不起速溶的，最后，都喝到速溶了，还有喝日本UCC的看不起喝袋装三合一的。我的妈呀！真累！完了吗？还没完呢，喝袋装三合一还看不起喝豆浆的呢。

上海有幢房子，是上了各种建筑教材的，那就是波特曼。波特曼是家酒店，是浦西最早的一批外资酒店，当然，我说的是改革开放之后。波特曼的边上，是上海最牛的办公楼，叫做上海商城，先后有澳大利亚领事馆、英国领事馆、加拿大领事馆、美国领事馆以及多家国外媒体、跨国公司在此办公，是全上海人员流动最少的办公楼。

这里的歧视链是这样的，上海商城楼上的看不起一楼二楼的，一楼二楼是银行、航空公司等服务性企业；一楼二楼的又看不起波特曼酒店的。然而说到收入，可能却是倒过来的，所以钱的多少，有时不是歧视链的核心。

上海商城也不是中国最牛的商城，而是偃师商城和洹北商城。

今天要说的，是以前上海商城一楼的一家面包房，那要在二十年前了，在如今鼎泰丰的位置上，有过一家很小很小的面包房。面包房是属于波特曼的，深蓝色的包装袋上有烫金的丽兹卡尔顿标志，看着就很“洋气”，当时可能算是全上海面包歧视链的顶端了。

那家面包房好像只卖一种东西，就是羊角面包，对了，说“羊角”是要被说“可颂”的歧视的，管它呢，我就喜欢说羊角。也许他们也卖别的，但我不记得了，我只记得他们的羊角，松、软、脆、香、酥，软是里面软，脆是外壳脆，具有一只好羊角的所有特征。

我忘了价钱了，两元？五元？还是二十元？应该没有二十元一个，但绝对是个很贵的价钱。要知道1998年时，一客生煎大概是四角钱，就算是两元一个，也值半斤生煎了。

后来那个位置上开了外文书店，面包就移到隔壁的城市超市了，那时城市超市还在地面上。可不知为什么，打从羊角在那里自取后，就没有以前好吃了。

我一直很喜欢吃羊角，羊角在面包歧视链中的位置是很低的，因为据说羊角很不健康，羊角是要起酥的，说是反式脂肪，高级的是全麦面包、法棍、意包。然而我不在乎，我还喝豆浆呢，我就喜欢羊角，羊角是我最喜欢的面包。

COSTCO就有羊角卖，一盒十二个，只售5.99美元，据说很多年来就是这个价格，所谓“民生最基本的东西”不能随意涨价。别看它很便宜，可它们实在是很好吃，尽管歧视我好了，我就是喜欢吃 COSTCO 的羊角面包。

我总是把羊角横着一剖二，剖羊角要用带锯齿的面包刀，用普通菜刀小刀美工刀的话会切得一塌糊涂的。然后把分成两半的羊角用小烤箱烤一下，烤得微焦的样子。再就是夹上起司片，要趁热夹，那样起司会融化。

我经常用的是卡夫出品的方的单片装起司，也是 COSTCO 买的，一盒 96 张。这种起司是起司歧视链中最底端的产品了，有人会说 cambozola 是最好的起司，那是法国 camembert 起司与意大利 Gorgonzola 起司的结合；也有人会说切达排在最前，但必须是英国产的味道浓烈的那种；或许有人会说 brie，也有人会说羊奶起司。反正归根结底，这种单片塑料纸包的起司，在起司"爱好者"眼里，压根就不是起司，在他们眼里，除了古法手作之外，工业化包装的就不算起司了。

除了起司之外，我还喜欢夹点肉，COSTCO 有各种切好的西式火腿，我挺喜欢一种火鸡肉做的，就是 turkey ham 啦。完了，这也是肉类歧视链底端的产品，肉类从神户牛肉到美国牛排再到新西兰牛肉一路下去，经历了羊肉猪肉鸡肉最后才是西式火腿与肉丸肉饼，最最后是火鸡 ham，可它好吃啊！

三种健康食品中最不健康的东西，三种食物歧视底部的东西，被我放在了一起，产生了相当好的效果，我真是个天才。有时家中正好有蔬菜，生菜菠菜之类的，也夹在一起，蔬菜在食物金字塔最下层，算是健康的。

羊角三明治是一种不用理别人怎么看你，想怎么吃就怎么吃，想夹什么就夹什么的好东西。它没有一个标准，无所谓正宗不正宗，只有好吃不好吃。所有的三明治都是这样的，我觉得夹回锅肉也不错，回锅肉是川菜歧视链的底端，经常有人告诉我“正宗的川菜是不辣的”，开水白菜、雪花鸡淖和肝膏汤才是川菜歧视链的顶端。据说全上海只有一个人会做这些菜，吃了还不准说不好吃。我只知道这几道在成都的盘飧市不过几十块钱一份，吃完尽管骂厨子。

也只有在上海，一桌川菜能卖到上万，上海人真有钱。

“上海人有什么了不起的？不就是有几个臭钱么？”

我敢保证，说这话的，一定没钱，对钱不尊重的人，是不会发财的。

鲜肉小笼

小笼馒头，与汤包，是两回事。有位美食评论家曾经撰文说汤包是伴着一碗汤一起上的，还是蛋皮丝鸡汤。瞎说，过去的鸡要多久才长成一只？吃汤包送鸡汤？开什么玩笑。

这位美食评论家还说小笼与汤包不会出现在同一家店，那么我可以告诉他的就是其实苏州就有不少店是既卖小笼又卖汤包的，比如说“天湘缘面馆”。我不知道一家连锁的苏州面馆为何有个“湘”字，但我知道他们的小笼十元一客五只，而汤包十元一客八只，有趣的是，他们的包子也是十元五只。

小笼与汤包的区别到底在哪里？有人说大小，有人说正反，其实小的小笼比大的汤包要小，也有褶子朝上的汤包，这些都不是原则上的区别。只能说这些特征“有”，却不能以此来分。这个道理很简单，大多数女孩长发穿裙子，但你却不能以此来区别男女，是不是？

上海话中是没有包子的，只有馒头。实心的叫白馒头，素的叫菜馒头，一般是青菜香菇木耳做馅，上海人从来没有里面放豆腐放粉丝的馒头；剩下的就是肉馅的了，大的叫“大肉馒头”，普通的叫“中肉馒头”，小的不叫“小肉馒头”，而是“小笼馒头”。至于“鲜肉大包”和“鲜肉小笼”的叫法，也已经是很后来的事了。叫“包”是因为改革开放后人员流动，北方话侵入上海；而添加了蟹黄、蟹粉、虾仁等的小笼出现以至于要单独说明“鲜肉”，也是因为改革开放后商业繁荣物资丰富而来。

我小时候，大家一起出门吃小笼，那时上海没有汤包，汤包也是改革开放后再传来的。那时大家吃小笼，家人围坐一桌，搛起小笼，放在调羹中，蘸醋，吃；然后会互相问一句：“有露哦？”

“有呃，有呃，喔哟，蛮赞呃！”

“哎呀，我只吭么呃，侬个阿有啊？”

几乎每一桌都是从这么几句开始的，好似日本人吃饭前都要说上一句“いただきます”似的。

露，有很多人叫做“汤”，是小笼里的汤汁，让小笼有汤的原因是“皮冻”。那位美食评论家说“小笼用得较少，或者干脆不用，仅凭剁馅时天然产生的汁水（原文）”，这根本就是在瞎扯，那是北方的小笼肉包子。有了本书，要看懂要研究，不是仅把书上的文字搬到文章里就行的。

露，来自皮冻，然而“没露”，则有很多原因。皮冻的比例不对，包好了没有及时蒸，蒸好了没来及卖掉一直蒸着，笼屉里的草垫子没有洗干净黏破了小笼皮，都是导致“没露”的原因。

然而，这么多年过去了，大家还吃到过“没露”的小笼吗？一家人出门吃小笼，还有人这么问吗？仔细一想，现在的小笼只只有露的，更厉害的是生煎，露已经多到令人发腻的地步了，以至于上海人都不愿意承认小杨是上海生煎。

我一直说，在有了高压锅和冰箱以及空调之后，“小笼有露”已经完全不是个难题了，任何人都可以做出好吃的小笼来。小笼“露”的难点，一是怎么做，二是怎么包进面皮里，高压锅让前者的工艺大大简化，冰箱与空调让包裹过程中的露变成固体，大大降低工艺难度。

是的，我可能已经透露过了，作为“高压锅爆炸小组”的组长，我到了美国之后买了一只高压锅，一只由美国质量标准约束由美国保险公司承保的带中文说明书的高压锅，用来做皮冻很容易。皮冻的传统做法是把整块猪皮上面的肥肉刮去，放到水中煮硬，拿出来清洗后再次刮去表面的肥肉，如此几次后，把猪皮切成细丝，然后加水小火炖煮，大约两三个小时，滤去皮渣即可。听着很容易是不是？做起来累死人，别的不说，光切猪皮就切到你手软。

我在洛杉矶，又有高压锅，这个事实在太简单了。去任何一家越南超市，以及大多数的亚洲超市，去买一种叫做“西湖肉皮丝”的东西，这玩意已经在《下厨记》系列中出现过了，是熟的，买来就可以拌炒米粉吃了。我总是买三包，雪白的细丝，放在高压锅中，加水盖过，然后设定高压一个小时，再然后，就不用管啦。

一个小时后，打开高压锅，是乳清状半透明的液体，表面一丝油花都没有，可想厂家处理肥肉有多干净。用滤网滤去皮渣，皮渣已经变成黄色的了，极软极细，所以要用一个密一点的网。滤出来的，就是皮冻，找个容器放起来，摆在冰箱里，隔天，就会变成硬而有弹性的皮冻了。这些皮冻可直接切块放香菜用酱麻油加醋来吃，算是我免费增加给大家的一道菜。

三包肉皮丝做出来的皮冻，大概可以用于六磅左右的肉糜，肉糜与皮冻的比例大约是三比二，肉糜肥一点更好吃。肉中放盐，搅打起劲，加一点点白胡椒粉和葱姜水，然后放入切成绿豆大小的皮冻，拌匀。千万不要放入大块的皮冻，心想我拌的时候捣捣碎碾碾碎压压碎好了，会累死你的，这玩意必须事先切碎，弹性太好，你用搅拌棒或是勺子，是根本弄不碎的，不想切的话，事先用粉碎机打成最细的颗粒。拌匀，可能在拌的过程中，有部分皮冻融化，肉馅变得湿湿的，把拌好的肉馅再放回冰箱冷藏起来，过一两个小时，半流质的肉馅会变成固状的。

这就是小笼肉馅的做法，小笼与汤包最根本的区别前面没有说，现在可以说了。小笼的肉馅只有盐，而汤包有糖和酱油，至于白胡椒粉和葱姜水，都要放，放到吃不出来的分量；无锡小笼除外，杭州小笼更除外。

接着是皮，那位美食评论家看了书后，说小笼与汤包的区分是面皮都要发酵，前者五分醒，后者七分醒。我知道他拿的书是上海文化出版社在1981年出的《家常点心》，由上海市黄浦区第二饮食公司编写，书上记录的小笼和汤包，是长江以北的做法，后者俗称“灌汤包”，郑州灌汤包、贾三灌汤包，都是这种。

我们知道，面粉分为死面、发面和烫面，死面就是加水拌，发面要用酵母，至于烫面呢，就是用烫的水去拌面粉，目的是不让面粉起筋，面粉一烫熟，就起不了筋了。多烫的水？所有的方子都说“五十度以上的水”，但可能没有人想过为什么。那是因为五十度的水加到面粉里，手下去不会觉得烫，你要是用开水去拌，手会烫死的，而且“干手抓了湿面粉”甩也甩不掉，真的会出事的。然而你要是过一会儿再揉，又或者是用搅面机来揉，烫一点的水是没有关系的。

面粉是中筋面粉，与水的比例是两份面粉一份水，视气候及面粉品质要稍作增减。有的朋友喜欢多放一点水，软的面皮容易包裹，容易成型，然而软的面皮太湿不容易擀，会粘在案板上，那你就需要很多的手粉去防止黏连，其后果是不容易收口，口上全是干粉，收不起来。

软硬的考量是一个平衡的过程，南翔小笼的面很湿，但那是不擀的，用手掌压一下，边包边拉扯外皮，所以南翔小笼的底厚，不会塌下去而变成一个袋子。著名的鼎泰丰就是擀皮的，甚至他们还没学会把皮子擀到外围薄当中厚的水平,他们一味追求皮薄,最后的结果是小笼的底沉了下去，上海人认为其不正宗。

不论是手压还是擀皮，都是要练的，先把面团醒上几十分钟，然后搓成条，再扯成剂子，用刀切也成，一个剂子大约比玻璃珠大一点。熟练的朋友，不管剂子的形状如何，总能压成圆的或者擀成圆的。初学者，特地把每个剂子揉成一个球，一擀，依然奇形怪状。

这就是个熟能生巧的过程,需要一点点地练,先把每个剂子揉成圆球，压成圆面，再用擀面杖擀大。手势是左手在前捏着面皮转，右手在后前后滚动擀面杖，左右手用力都要均匀且成节奏，有个一两百只的经验，就可以运用自如了。

把面皮擀到手掌大小，放在左手，舀一点肉馅上去，从冰箱里拿出的肉馅是固状的，我一般是用把餐刀来拨。一张面皮，在左手上，上面有着肉馅，接下来要包了。用右手的拇指在面皮三四点钟的方向从里往外黏起一点点来，然后右手食指把前面的面皮勾回来，与拇指端的面皮捏在一起，同时左手的拇指负责往内侧顶肉馅,左手的食指帮助整个球顺时针转动，如此一下就是一个褶，转到最后收口不要停，要继续转动，边捏边转，一直到把第一个褶转得再露出来，那样才行。

一共多少褶？美食评论家一定会告诉你十八褶，对不对？你看到过各种文章，各种采访，都说是十八褶，真的是这样吗？面皮干硬，褶自然就少一点；小笼个头大，褶子也会相应增加，这要取决于你打算做什么样的小笼。

为什么鼎泰丰是十八褶，南翔也是十八褶？那是由商业成本决定的，十八褶可以保证在美观的基础上单位时间出品最多，就这么简单。什么？褶多了顶上的面粉会硬？那全是手势决定的，我有本事用二十四褶包出比你十八褶顶还小的小笼，但可能要花一倍以上的时间，这就是我说的成本的考量。

小笼现吃现蒸最好，在上海的时候，我有成套的蒸笼，特地定做了架子，可以把笼屉架起来，叠在一起蒸。竹的笼屉，很有仪式感。问题是蒸一次就要洗半天，洗草垫洗笼屉，也很有仪式感。在美国，我就用个宜家的套件蒸锅，上面有一格全是洞洞眼的架锅。我不用草垫了，我是用烘焙的parchment paper，一种不粘的无蜡的纸，扯一张大的，一折四再一折四，一撕，十六张，在每个小笼下垫一张，等水开后，把蒸锅放上去加盖，大约蒸六分钟就可以吃了。

普通的鲜肉小笼就是这么回事，但小笼的故事远远没有完，我们下回再来讨论顶上开不开口？蟹粉是不是真的好吃过鲜肉？该用什么样的醋？醋里要不要配姜？面皮到底应该多少厚薄？肉馅到底该不该抱团？半发虽然不正宗，但到底可不可行？哪种蒸法最好吃？一两小笼到底可以做几个？一两小笼做几个最好吃？开一家小笼店要怎么开？上海小笼排名如何？那个老外的评测靠不靠谱？

所有这些问题，书上几乎都没有答案，除非你自己做个几百个小笼，除非你真正“虚心诚意”地走访过专家老师傅，否则你回答不出这些问题。天下的事情，可能有“定规”，但都是有道理的。上海鲜肉小笼“定规”要猪肉做的，但后面的道理是上海向来没有牛肉售卖，在鲜肉小笼兴起的时候，杀耕牛吃牛肉是有罪的。为什么不用羊肉？那时上海只有山羊，够香，不够肥。

说出“定规”的，可能勉强可以成为美食评论家；把道理说清楚的，才是真正的美食家。

玉米片塔

一开始的时候，这篇文章的题目是“玉米挞”，后来一想不对，Corn tart，岂不是和“面馅饺子”差不多的玩意？“tart”在中文译作“挞”，仿其发音，就像“pie”之所以是“派”一样，最早都是广东人“发明”的音译。

大多数人对tart的认识来自广式早茶的酥皮蛋挞，还有些则来自个头大上许多的葡式蛋挞，后者又往往是在台湾店中品尝到的。“挞”和“派”有什么区别？你去问一个上海人和问一个美国人，会得到截然不同的回答。上海很早就有挞，那些传统的西点店像凯司令、上海咖啡馆乃至后来的红宝石向来有挞售卖，只是没有蛋挞而是胡桃挞、杏仁挞之类的品种，他们同时也有苹果派、菠萝派等出品。

上海人的回答会是：小的，一人份的，叫挞；大的，要切块分食的，叫派。

美国人的回答复杂得多，挞和派都有单人份的和大的，而且都以大的为主流，所以大小并不是区分标准。挞的边是直的，只有底部和边上有脆皮，多半是用组合模制作的；派边是有斜面的，派皮像个平底的碗，有时顶上也有派皮，派模是一整个的，因为有斜边，所以脱模方便。

同样的东西，在不同的地方，认识可以很不一样，我们今天说的是“塔”，就是“胜造七级浮屠”的“浮屠”，也就是英文中的“pagoda”，英文中的“tower”通常指的是笔直细长的高楼或者像巴黎埃菲尔铁塔那样的玩意，中国的“宝塔”就是“pagoda”，就是“浮屠”。慢着，“浮屠”为什么是塔？梵文中的塔是“stupa”呀，中文过去音译成“窣堵坡”，至今英文还沿用“stupa”来指代印度的那些佛塔遗址。深究下去，“浮屠”就是“Buddha”在某个时期及某个地方的汉语音译，“浮屠”就是“佛陀”就是“佛”。查佛教典籍，多处出现“浮屠宝塔”的说法，其文并非叠床架屋，事实上用“浮屠”指代塔并不是“浮屠就是塔”，而是“浮屠塔”的省略，省却了“塔”字。严格地说，“浮屠”并不指塔，而是指某个佛教场所，只是佛塔比较显眼罢了。

今天要做的不是“玉米挞”，而是“玉米片塔”，不过既不是pagoda也不是tower，而是“Nachos”，这是一个人的名字，这个人叫做Ignacio Anaya，“Nacho”是“Ignacio”的昵称。故事是这样的，1943年，德州Eagle Pass邓肯堡(Fort Duncan)的士兵的妻子们去墨西哥边境城市Piedras Negras购物，然后去了一家已经结束营业的饭店，经理Ignacio就用剩下的玉米饼切开后油炸，然后加上加热过的切达起司和Jalapeño辣椒做成了一个小食，结果就和什么回锅肉、鸡仔饼之类用剩菜做成的美食一样，当然是“大受欢迎”；当那些女人们问经理这道东西叫啥时，他说“Nacho's especiales”，就和“老王秘制”是一个意思。

后来，Ignacio Anaya在这个边境城市开了名为“Nacho's Restaurant”的饭店，也就是“王记饭庄”啦。他继续售卖那种用油炸玉米饼做成的小食，一路做到了这种小食就叫做“Nachos”，留传至今，甚至每年的10月21日成为国际Nachos日，而在Piedras Negras，每年的10月13日到15日是Nachos节，我就译作“玉米片塔节”吧！正日一定是10月14日，我猜的，因为那是我的生日。

我们今天就来做Nachos，不是Anaya当年的版本，Nachos在半个多世纪发展下来，已经有了成千上万种做法，早就成为美国和墨西哥很普通的餐点，不仅是小食，也有主菜的变体。

小豆子进美国学校吃过的第一顿也是唯一的一顿食堂餐，就是Nachos，你想，该有多普遍。

今天，我就来说说我跟墨西哥老太太学到的版本，我们一边聊一边做。

墨西哥的玉米饼叫做 tortilla，千万不要读成“托提拉”哦，会被人笑话的，这个词中的“ll”在西班牙语中被认为是一个字母，发有如“叶”的音，所以这个词连在一起应该是“托提亚”才对。玉米没有什么黏性和延展性，所以制作的时候是把一勺玉米糊舀到一块热的饼铛上，然后把另一块饼铛合起来压出一张圆的薄饼，热的时候还挺好吃的，冷了之后意思就差点了。

最早的玉米片就是把一张 tortilla 一切为四，然后油炸而成的，Ignacio 就是那么做的，所以原版的玉米片是扇形的。后来大规模工业化后，不再是切玉米饼来做玉米片了，而是直接生成，因此是三角形的了。大多数真空充氮包装的，都是三角形的，而大多数称分量零售的，则是扇形的，在诸如 VONS 和 Albertsons 之类的超市，可以轻易地买到做好的玉米片，扇形的那种，按分量卖的，小包的一磅不到点，大一点的一磅半。

这种扇形的玉米片，也不再是炸脆的了，而是烘干的，所以拿在手上一点也不油，且没有“回潮”之虞；如今要想找到炸脆的玉米饼，只能去墨西哥老太太的小摊子才有了。做 Nachos，这种一袋袋零售的就很好，因为它是原味的，至于充氮的那种，大多有这样那样的调味，反而不好。

要一些新鲜的蔬菜，听我说。番茄一只，洋葱一只，香菜一把，小红萝卜四五个，这些都是普通东西。

还要 Jalapeño 辣椒两只，这种辣椒我们以前说到过，是一种皮很厚实的几乎不辣的辣椒，在墨西哥菜中广泛使用；对了，不要读成“佳拉潘诺”哦，西班牙语要念作“哇拉潘妞”，写成中文蛮好玩的。

还要牛腹肉一片，两个手掌的大小。之所以要牛腹肉，是因为它薄且嫩，容易熟，不必久炖。

我的这道 Nachos 是高级版的，还要很多东西。先来做一点准备工作，抓两把黑豆，先用水浸着。黑豆在超市有卖，没有的话用中国人常吃的赤豆也行。什么？黄豆？黄豆也没关系，Nachos 的魅力就在于变化无穷，你想呀，它本来就是用剩下的食材做出来的，当然是有什么用什么，这和天下没有两碗相同的“珍珠翡翠白玉汤”是一样的道理。

要一盒 Heavy Cream，南加州的市场上，我只在 Whole Food's 找到过，而普通的超市，你可以买 Whipping Cream，就是那种用来打发生奶油的东西，Lucerne 是个大品牌，各大超市有售。

还要另一种奶油，墨西哥奶油，叫做“crema”，这在西班牙语中就是奶油的意思，但在我们现在的这个语境下，是特指“墨西哥奶油”，一种与牛奶混合在一起的厚奶油。听着迷迷糊糊的是不是？别担心，雀巢公司有常温罐装的产品，各大超市有售，包装有好几个版本，有的写“crema”，有的写“table cream”，是一样的东西。

还要起司，对的，就是芝士就是奶酪就是 cheese，要好多种。

先停一下，我们说回黑豆，黑豆要浸过夜，如果是赤豆、黄豆也都要浸过夜，如果你有兴趣，三种豆烧在一起也不是不可以。浸好的豆，加水煮，水沸后改用小火，煮一个小时左右，以豆子烧酥为准。烧到一半的时候，加入一把切碎的洋葱和一瓣量的蒜蓉，加一点点盐和墨西哥牛至，后者在各大超市的调料货架上可以找到，英文是“Mexican Oregano”，很容易找到。

说回起司，当然要切达起司，算是向Ignacio致敬吧，还要Oaxaca和Asadero以及Monterey Jack起司。拿着这四个名字去超市找吧，肯为了一道点心买上四块起司的，一定是位认真学习的朋友。没有那么麻烦啦，家里有什起司用什么，别用马苏里拉就是了。我推荐大家直接购买前面说到过的Lucerne品牌的“墨西哥风格四种起司碎”（Mexican Style 4 Cheese Blend），它只是把我们需要的Asadero换成了Quesadilla，都是很容易融化的起司。

现在差不多了，我们还要：面粉、黄油、cayenne辣椒粉、孜然粉、柠檬，别怕，这篇文章最后会附购买清单，大家照着买就可以了。

黑豆煮酥了，把汤水滗去，然后把番茄、半只洋葱和香菜做成一个最简单的salsa，撒点盐，洒上半只柠檬的汁，salsa又名Pico de Gallo，参见《下厨记VI》的做法。

把黑豆和whipping cream一起煮，大概小半盒的样子，加糖，煮到汤汁发稠。

把两瓣量的蒜蓉、四分之一只柠檬的汁和盐一起，抹匀在牛腹肉上，腌二十分钟。

这时，把小红萝卜和Jalapeño切成薄片，把剩下的洋葱切极薄的两片出来，分开成洋葱圈。

然后用牛排锅不加油将牛腹肉每面干煎两分钟，用铝箔包起。

在“醒”牛腹肉的时候，我们的“大戏”才刚开场，该做奶油起司酱了，一份好的奶油起司酱，是Nachos的灵魂。在一个平底锅中，化开一小块黄油，用中火化开，舀一大勺面粉进去，慢慢搅匀并炒至微黄，对的，“炒面酱”，上海罗宋汤中就用到过。倒入一杯全脂牛奶和剩下的whipping cream

以及一整罐墨西哥奶油，边煮边搅，直到烧开；抓一大把起司碎进去，待其融化后，加一撮 cayenne 辣椒粉和一撮孜然粉，把剩下的四分之一柠檬挤汁到酱中，把做好的 salsa 加进去，离火拌个半匀即可。

打开包着的牛腹肉，先顺着纹理切成寸许的宽条，再把刀卧平横着纹理切成半分长的片，刀要斜着切，这样每片是由两个楔形组成的，薄一点，更易咬嚼。

接着就容易了，找一个大盆子，在底上铺一层玉米片，然后是一层黑豆、一层奶油起司酱、一层辣椒粉、一层牛肉片、一层玉米片、一层奶油起司酱、一层玉米片、一层奶油起司酱、一层牛肉片、一层玉米片、一层奶油起司酱、一层 Jalapeño 和萝卜片和洋葱圈、一层玉米片。

一层一层又一层，这只是我的一个"层法"，大家完全可以根据自己的喜好随意调整次序或添减。Nachos 的变体有无数版本，有不用牛肉用牛肉酱的，有不用新鲜 Jalapeño 用腌制罐头的，有不放豆子的，甚至有不用玉米片而用薯片的，反正怎么天马行空怎么来。

一堆 Nachos 放在面前，不来点啤酒怎么行呢？Pacifico，Corona，Negra Modelo 和 Modelo Especial 是洛杉矶随处可见的墨西哥啤酒，我一直开玩笑说在洛杉矶喝 Corona，就跟在吉林喝朝鲜啤酒是一回事。还等什么呢？我开啤酒吃 Nachos 去了。

附：购买清单

蔬果架

Tomato	1 只

Cilantro	1把
Sweet onion	1只
Garlic	1整只
Jalapeño	2只
Lemon	1只
Small Red Raddish	1串

香料架

Ground Cumin	1瓶
Ground Cayenne	1瓶
Mexican Oregano	1瓶

面包架

Tortilla (chips)	1包

烘焙原料架

All Purpose Wheat Flour	1包

奶制品架

Lucerne Whipping Cream	1盒
Lucerne Mexican Style 4 Cheese Blend	1包

Whole Milk	1盒
Butter	1块

罐头架

Nestle Media Crema Table Cream	1罐

调料架

Kosher Salt	1罐
Sugar	1袋

杂粮架

Black Bean	1袋

越南牛肉河粉

我又要说越南粉在上海卖得贵了，读者们可能都要听出老茧来了，然而道理要仔仔细细来说，不要把 Pho 神秘化。

同样是牛肉，同样是粉面，一碗 Pho 的人均消费在 35 元左右，一碗兰州牛肉拉面在 12 元左右，而后者的食材成本要超过前者，因为用料都是清真的，所以有一个隐形的“税”在里面，比如越南河粉店的牛肉可以随便去超市去菜场买，而兰州拉面的牛肉则必须向指定供应商购买，价格要高上不少，这是没办法的事，否则店是开不成的。还不仅如此，河粉店的粉是现成的，不管干货湿货，都是买来现成的，而拉面还要有个拉面师傅，每天要和面、揉面，每一碗都要现场拉出来，不管从工艺还是难度来说，人工成本都要高过河粉。你硬要说青海化隆人的劳工成本要比安徽凤阳人低，那就涉嫌歧视了，都在上海工作，用工成本的计算是一样的。

我有位朋友，曾在美国留学，爱上了美国的越南牛肉河粉，结果回到上海后就开了一家 Pho 店。据他说，要不是有各大点餐外卖平台，他根本不能赚钱，我也实在是搞不懂，为什么兰州拉面能像雨后春笋般开出来还价廉物美，越南牛肉河粉吃的人嫌贵卖的人还嫌便宜呢？

房租肯定是问题，那为什么没人开家兰州拉面规模的河粉店呢？那成本不就比拉面低了？可惜，还是没人开。听我的，开了保证赚钱。就开在拉面店边上好了，这样地段房租都一样了，你成本又比别人低，没理由不赚钱。

据说在拉面店边上开拉面店是要挨揍被砸的,但开越南粉店应该没事吧?

我经常听到中国人纠正外国人"宫保鸡丁"不该念作"空炮切肯",但我从来没听过和听说过任何一个越南人纠正老外如何念"Pho",我倒是碰到过一个中国人教我应该怎么念,结果我告诉他"Pho"就该念作"粉",那是越南人没好好念"粉"。越南牛肉粉用的是河粉,就是沙河粉,沙河在广东省广州市沙河镇,越南河粉与广东河粉与闽南河粉与东南亚各地的河粉,在制法上都是大同小异的,区别在于调味,加牛肉炒就是广东菜,加鱼露加牛肉汤,就是越南牛肉河粉。

越南人吃粉,不是只有牛肉河粉,只是牛肉最流行罢了。越南还有Phở gà,就是鸡肉粉,而牛肉粉则是Phở bó,而牛肉粉还分为牛腩粉、牛筋粉、牛腱粉、牛丸粉、牛百叶粉以及全都有的"全牛粉",这个名字是我起的,原文是"Phở đặc biệt",一般可以译作"招牌粉"。另外还有海鲜粉、大虾粉乃至斋粉,那就是个粉,加什么"浇头"就是什么粉喽,没什么稀奇的。

越南有成千上万家的河粉店,那一定有许许多多的做法,我估计可以写本书出来,上亚马逊一查,果然有只说Pho的书。据说正宗的越南牛肉河粉,在熬汤的时候,要用到小豆蔻、黑胡椒、桂皮、丁香、八角茴香、鲜姜、泰国萝勒、薄荷、小绿椒和小红椒、香菜、刺芹、越南香菜、花生虫和紫花香薷。什么乱七八糟的?花生虫?是长在花生里的虫吗?不是,它只是颜色像花生而已,只是英文叫花生虫,越南叫做"sá sùng",你就读"sa sung"好了,读上十遍二十遍,你就会明白这玩意读作"沙虫",对的,就是做厦门土笋冻的那东西。

你不会真的去找齐这些原料来煮个牛肉汤做个牛肉河粉的吧?我不

会，别说不会，就是那“紫花香薷”，我是闻所未闻，也不像是缺了那个就不正宗了。要是我告诉你一碗上海大排面的汤要用到十几种香料调料，你会认为你妈在家做的大排面不正宗吗？大多数人不会。《下厨记》系列一直说的是如何在家中做出好味道来，而且不必像饭店那么做。

是的，饭店，特别是越南的那些摊档，一天卖几百几千碗的，自然可以放齐调料香料，至于家中自己做，完全没有必要，你把这些新鲜香草买齐了，每种用上几片，也太不合算了。

我们来说说家里怎么做牛肉河粉。不说也知道，牛肉河粉的关键是汤，任何汤粉汤面的关键都是汤底。

家中自制越南河粉有两大流派，一种是清汤，一种是浑汤，我都知道怎么做；越南和美国的越南河粉，也分清汤和浑汤，我都不知道怎么做。

先说浑汤，说是浑汤，只是较清汤来说稍微颜色深一点，看上去浑浊一些。牛肉河粉，总要牛肉的，切片牛肉也好，切块也好，都要牛肉的，这些牛肉都是炖出来的，用便宜的腱肉来炖，没人用牛排做牛肉粉的。牛花腱就可以，买上两只大的，先出水，然后洗净后再重新入锅炖，牛肉除了炒的涮的烤的，但凡是要炖的，都要出水。

具体的做法是先把大的花腱切开，大约与拳头大小相仿，一般整只花腱可以切成四块，两只就是八块。找口大锅，把切好的花腱放入，加水盖过，点火烧煮，待水开后转成中火，再烧煮一刻钟左右，不要急着拿出来。要是水一开就拿出来，你会发现还是有血水会不断地渗出的。

锅中的血污很厉害，把锅洗净，把出过水的花腱也洗净，放回锅中，加香叶两片、丁香四五颗、花椒七八粒、干红辣椒四五个、桂皮一根、茴香两三枚，有料包袋就放在料包袋中，没有也无所谓，然后再放十来颗冰糖，照理要放越南的黄糖，我没有，就用冰糖。

然后开火煮，煮到水沸，改成中小火，加盖炖煮，要两到三个小时，煮到筷子从各个方向都能扎穿牛腱为止，把牛肉拿出来。牛肉要冷透才能切，可以先冷藏一天，隔天再切；也可以整块放在冷冻室里，想吃的时候再切。至于牛腩，就是切成小块再出水再炖，做法一样，只是时间可以短一点，小块不用筷子去刺，拿一小块尝尝就可以了。

这就是牛肉浑汤的做法，而清汤是牛骨做的。

买牛骨的时候，要店家把牛骨切开。切成半个到一个拳头大小的大块，因为我的拳头比较大。牛骨一般是腿骨，腿骨有骨髓，最好。

你大概听说过“大骨烤、小骨煎”这句话，是的，牛骨要烤过才能熬汤，但是在烤之前，要先过水。我不是前面说过的吗？凡是要炖的牛肉，都要出水。与牛肉出水相同，水沸后再煮一刻钟，然后把骨头上带着的残渣去除掉，否则汤就不清了。

然后才是烤，牛骨放在烤箱中，用 450 华氏度烤一个小时，拿出来翻个面，再烤半个小时，一定要烤透才行。

房间里会弥漫着浓郁的牛香味道，如果家中的油烟机不够给力的话，还是建议开着门窗来烤，否则的话，在房里的人可能没有感觉，外面走个人进来会瞬间肚饿流馋涎的。

烤完之后不要马上打开烤箱，就算要开也不要将脸冲着，不然的话熏你一脸牛油。肉眼看不出来，用纸巾一擦全是油。

烤完再炖，与炖牛肉的炖法是相同的，同样做个料包来煮。牛骨很能出油，水大约放到牛骨的一倍半，就是一份牛骨，一份半的水，盖过牛骨再高出一小段即可。锅要大，浅点无所谓，但要够大。烤盘中会有很多的油，这些牛油要全倒在锅中煮，如果嫌太油的话，可以在完成之后再撇去，但熬汤的时候要一起熬，切记。无印良品有种撇油的细网，相当好用；最方便的还是等汤冷下来，油会在表面结成块，揭去即可。心急等用的话，可以放入冰块，油会结在冰块表面，放心好了，一点点冰不会影响骨汤的浓郁。

牛骨也要煮两三个小时，煮好的牛骨汤是清汤，看着很舒服，可以一包包地冻起来，想吃牛肉粉就拿一包出来。

接下来，正式做牛肉粉，我们先把材料准备一下。

在洛杉矶所有的亚洲超市都有 Pho 或河粉卖，都可以用，我选用宽窄适中的。大多数亚洲超市还有新鲜的河粉卖，我嫌那种太粗了。记住哦，河粉是扁的，圆的是檬粉。

要有泰国萝勒，紫秆的，就是所谓的九层塔，我们在做三杯鸡时用到过；要有豆芽，绿豆芽，到处都有卖。美国的 Pho 店，会随着河粉上一盘九层塔和豆芽。只有美国的 Pho 店才这样，越南的 Pho 都是师傅直接抓了放在碗底再浇牛肉汤的，美国吃法你去越南问越南人，他们会告诉你从来都不是这么吃的，就像中国没有左公鸡一样。

还要有鱼露、青柠、小红椒。小红椒建议你买一盒新鲜的，一盒有几十个，可以放在冷冻室里，慢慢用。

家中有薄荷最好，薄荷超级好种，种一点就是了。

就这样了，其他你想放什么就买什么，我喜欢放牛肉丸和牛百叶。牛肉丸买越南式的，那玩意是熟的，买来一切为二，整只太大了，塞不进嘴。牛百叶切成细条，用水烫一下。

找个锅，把干河粉用冷水浸几分钟，否则的话，一半在水外一半在水中，浸一会儿河粉就软了，把河粉全都浸到水下，然后点火烧煮。河粉比檬粉、濑粉容易煮得多，注意火不要大，否则很容易断。

大约煮上四五分钟，捞一根河粉吃吃看，不要硬芯即可。然后把整个锅端在冷水下冲淋，冲到水温降下来，把河粉分几份捞出来，每份单独冲洗，放在一起沥干。

然后就很简单了，找个小锅，倒入牛肉汤，点火，大锅牛肉汤也点火，都烧着。找几个碗，有几个人吃就几个碗，在碗中放入豆芽与九层塔的叶子，放入一调羹鱼露，撒一点点盐。

把一人份的洗净的河粉放在小锅中煮，不见得要煮沸，煮烫即可，火不能大，大了河粉易断，等水面轻微翻动，就把河粉捞到碗中，再从大锅舀入热汤，汤不要太少，汤要宽，否则搅拌起来河粉易碎。碗最好大一点，河粉放下时堆个尖出来，加汤从边上加，顶上的尖不要盖没。

把薄荷放在河粉尖上，放上牛肉、牛百叶、牛肉丸，一碗就做好了。如果用生牛肉片的话，次序要有调整，应当先放生牛肉片，再浇热汤。

每一碗只是简单的重复，事实上基本是一分钟一碗，很快的。吃的时候，挤上青柠汁，喜欢吃辣的朋友可以放点剪碎的小红椒。

要是家中有洋葱，最好正好有半个用剩的洋葱，就在碗底再放几根洋葱丝，没有的话也就算了。有葱有香菜的话，切碎了最后撒在汤面上。

一碗越南河粉，最主要的是有鱼露以及汤头隐隐微甜，连是不是牛肉汤有没有牛肉都没关系。

美国的越南 Pho 店桌上都放着一瓶李锦记的海鲜酱和一瓶汇丰的是拉差辣椒酱，让无数的人认为这是越南粉的标配，其实越南的越南粉店，没有一家放这两样东西的。至于汇丰的是拉差酱才刚进入越南市场，《洛杉矶时报》为此兴奋得要死，特地写了报道，好歹这也是洛杉矶本土越南品牌终于打入越南市场，在是拉差被发明了三十七年之后，太激动人心了。

是拉差的确是个激动人心的励志故事，我参观过是拉差的工厂，有空再写文章详述。

上海咸豆腐浆

本来《下厨记 VII》中是没有这一篇的，但由于这篇和另一篇《手擀面》中说到的故事有关联之处，所以就增加一篇，现在买东西不都是“买这些送那些”的吗？过去叫“添头”，英文叫“bonus”。

那个故事就是我在一家杭州店吃咸豆浆，结果吃到一碗“只”加了酱油且比淡浆贵了三成的咸的豆浆，于是我打算自己来做一碗吃。

“咸豆浆”是台湾人的叫法，上海人说起来，要么少一个字简称为“咸浆”，要么多一个全称为“咸豆腐浆”。这可是上海的饮食中，最根本的东西了。

上海可能有一百多种小吃和面点，这还是把辣肉面和大排面都算浇头面以区别于阳春面、葱油拌面、冷面的计数法，其实单是清冷面、三丝冷面、香菇面筋冷面等又可化出许多种来，谁叫我们东西多呢，我们就饶饶别人，只算大的品种。

在永和豆浆开进上海之前，这一百多种小吃，是有固定的卖法的。我不知道杨浦区、虹口区的规矩，我说的只是静安、卢湾等市中心的现象。这个现象就是，一百多种东西，是有不成文的规定的，有的只在店中外卖，有的必须店中堂吃，有的只能到摊上去寻，有的在摊上买走了吃，很有趣的。

鲜肉月饼、定胜糕、条头糕、双酿团乃至橘红糕、云片糕等，都是店中买的，没有堂吃的，从来没有听说过你去哪家店，坐下来，点两只鲜肉月饼加一碗馄饨吃吃的。

必须店中堂吃的，除了馄饨、面条、春卷之外，还有油豆腐线粉汤、咖喱牛肉汤、双档、单档以及生煎、小笼（馒头）。过去没有一次性打包容器，基本上除了坐在店里堂吃，最多就是带着保温桶去店里买份汤了。生煎倒是也有外卖的，放在一个油皮纸袋中，多半是买回去给小孩子吃的。那时节奏慢，没有人等不及非要边走边吃的。

边走边吃的东西也有，米饭饼、粢饭团、烘山芋、海棠糕、梅花糕、油氽臭豆腐干、后来被称作油墩子的炸萝卜丝饼，还有后来被冠以"包脚布"的薄饼包油条，这些都是店里没有的东西，只有摊子上有，一般都是一个人摆的摊，边做边卖，客人买好了，拿了就走。

再有，就是坐在摊上吃的东西了，摊与店是有很大区别的，店有房子摊没有，店叫"打烊"摊叫"收"，摊是每天要摆出来要收起来的。摊上吃的东西，最有名也最令人怀念的就是"柴爿馄饨"了。我在以前曾经详细写过，大概在《下厨记》的第一或第二本中，写的时候上海偶尔还能见到卖柴爿馄饨的馄饨担，如今已然完全见不到了。

就像柴爿馄饨一样，随着社会的发展，是必然会消失或者变化的，上海话、昆曲、评弹，都是如此，我也说不上是好是坏，但我不能因为对它们有感情就认为不会消失，这是客观认知事物的态度。

还有只能在摊上吃到的，还非得坐下来吃的，大概就是豆腐花和甜、咸豆腐浆了，都是我特别喜欢的东西，也是从小吃到大，吃不厌的好玩意。

永和豆浆开进上海的时候，上海的咸豆腐浆大概只卖两角钱一碗吧，而永和豆浆就敢卖到两块钱一碗，谁叫你是摊，人家是店呢？有很多上海人一生一世只吃过一次永和豆浆，倒不是因为永和豆浆卖得贵，上海人在吃上还是挺肯花钱的，那为什么上海人一生只吃一次永和豆浆呢？因为实在太不符合上海人的胃口了。

十个上海人中有九个是吃过一次永和豆浆就发誓今生再也不吃的，至少发誓不会再吃永和的咸豆腐浆的，剩下的一个是连上海本地咸浆也没吃过的“假上海人”。

你要拿一碗永和的淡豆腐浆与一碗上海街边摊的淡豆腐浆放在一起，你会发现前者要比后者来得浓，而且来得细腻，明显前者要好过后者，那为什么偏偏上海人就是不喜欢永和的咸浆呢？

因为永和的咸浆，是不开花的，我还记得第一次吃永和的时候，边上的上海老爷叔特地用苏北话愤怒地说了句——“辣块妈妈不开花”，可见开花与否，是上海人衡量一碗好咸浆的首要标准。读者模仿的时候，一定要把“不”念成“八”，方有气势。

所谓“开花”，就是豆浆结成小球，成为絮状的悬浊液，而不是本来均匀的白色溶液状。那么豆浆怎么会开花的呢？很简单的道理——蛋白质变性，豆浆的主要成分就是大豆蛋白与水，其实并不是溶液，而是均匀的稳定的悬浊液，你只要加点醋进去，蛋白质性状改变，就结块了，豆腐也是这么做出来的，只是加的不是醋，以及原浆的浓度有所区别。

那有人说，我往永和的咸豆浆里加点醋不就行了？可以的。但是要完美地开花，还有一个条件，就是温度，温度越高反应越快，结出的花越多，而永和的豆浆不知道为什么，是不烫嘴的，所以在这个温度下加入醋，效果并不好。

还有一点，豆浆，特别是咸豆腐浆，不是越浓越好吃的，只要它开花，而不要它结块，那才是咸浆，在这一点上，永和的豆浆又太浓了。

道理都讲清楚了，我决定自己做一碗吃。

我在上海有过一个豆浆机，后来送人了。在洛杉矶倒是也见过豆浆机，但我想了一想，还是算了吧，豆浆中富含大豆异黄酮，其实并不适宜长期食用，虽然学界对此各有主张，不像马兜铃酸那样铁板钉钉，但不长期食用，应该还是明智的做法。

难得做一次的话，可以把黄豆浸泡过夜，然后加十倍的水，放在Vitamix 搅打，以最高的速度打到最细，一开始的时候，可以少一点水，刚刚盖过豆子的样子，这样更容易打细；然后再把剩下的水一起倒入，打匀后，滤去豆渣。

滤豆渣的办法有许多，纱布也行，细筛也行，还有种专门的豆浆袋，把打好的豆浆倒进去用力挤压即可，很方便，但不是那么有必要。注意，如果你去淘宝上买豆浆袋，要与豆浆外卖手提袋加以区分哦!

然后就是煮豆浆。豆浆要煮透，否则吃了是会出事的。我们的小学在上午两节课后分发豆浆给大家喝，那时有豆浆喝已经很好了，牛奶就别指望了。那时就由于豆浆没有煮透，在我们小学发生过多少集体食物中毒事件，可惜当时大家都没有重视，大家看到的只是全上海最好的小学，居然课间还有豆浆喝。

煮豆浆，要看着，因为很容易“潽”，锅子大一点、深一点，一边加热一边搅拌，家中还好，煮得少，如果是摊上的大锅，不搅拌的话底上会焦的。等豆浆的液面升起来，就把火关小，等一下再将火调大，如是让豆浆沸腾个三五次，才能算好。

滤渣有两种做法，一种是先滤再煮，第二种是先煮再滤，第一种的好处是时间花得少，且没有被烫着的危险；第二种的优点是出来的豆浆可以更浓郁一点，缺点是更容易潽更容易焦。两种都是可以的，我是懒人，我选择第一种。

我还有更懒的办法呢，至少在洛杉矶很可行。洛杉矶所有的亚洲超市中都买得到桶装的豆浆，挑“淡味”或“原味”的买，仔细地看一下配料表，不要含有牛奶成分的，配料表上要只有大豆和水的。

买来的豆浆很浓，如果做咸浆，我喜欢以一比一的比例兑上清水，再加烧煮。我就开小火煮着，然后取个碗，剪上半根油条，油条都是两条在一起算是一根的，扯开之后一条可以剪成八段，放在碗中；再切一点榨菜，切成碎粒，不要太细，同样放在碗里。虾皮，最小的那种虾皮，也放一点，一小调羹醋，一大调羹生抽，一点点辣油，全都事先放在碗里。

然后我就把火调大，我用个单柄深锅，等豆浆煮沸，液面快升至锅沿时，一把将锅端离灶台，倒入准备好的碗中。这样，一滴豆浆都没有潽出来，整个动作行云流水，一气呵成，很有仪式感，然而却没有什么必要，朋友们不用学我。

最后撒上葱花，搅一搅，就可以吃了。咸浆这玩意，撒几粒葱花，与辣油的小油珠交相辉映，很是好看，不放还总是觉得缺了点啥。

这种咸浆，用了普通的米醋和生抽，所以是有点颜色的，喜欢咸浆雪白的朋友，可以用白醋和盐，做出来就是白的了。

为了这道咸豆浆，我做过一个实验，我用四个相同大小的玻璃杯，就宜家那种，杯腰上有条线的，我就把豆浆倒到那条线，然后两杯冷的、两杯热的，分别加入酱油和醋，事实证明只有醋才能让豆浆开花，而热的效果最好，冷的也能开花，但是没有水会析出来，也就是说“花开得不够大”。

厨房里，有许多事都要亲自试过才行。比如说油条，有人说油条一定要两条面一起炸，一条是发不起来的，我不信，就去试，没想到还真是如此。

约克郡布丁

我有个朋友，叫周彤，是个“食痴”，他喜欢钻饭店厨房，从厨师那里学手艺。由于他是记者身份，所以到过好多厨房，学到了很多本事。他是《顶级厨师》的副总导演，其实对于食物与烹调的道理，他比那些评委懂得多。后来他出了本书，叫做《本帮味道的秘密》，把上海菜的发生发展讲得清清楚楚，不过可能这本书会让“爱沪者”不开心，因为开章就说了本帮菜最早是给十六铺码头的苦力吃的，苦力出汗多，又要补充盐分又要有油水，所以形成了浓油赤酱的风格，这与大家想象中的高大上没有任何关系。

在他还没成名之前，拍过一个系列短片，每集十来分钟那种，好像是电视中每天都有的，下午五六点的样子，这个时段大家都在上班，我估计看这套节目的都是老太太。我是在认识了周彤之后看到这套片子的，其中有一集说的是烙蛤蜊。

烙蛤蜊，是红房子的名菜，就是把蛤蜊肉切碎后，拌上色拉油、红酒、蒜泥、芹菜后放回蛤蜊壳中烤出来的菜，又是道极具上海特色的模仿西菜，其原形是法式蜗牛。

周彤的片子就是教大家怎么做这道菜，片子很好，可惜用的是普通话，“烙蛤蜊”，自然读成“涝蛤蜊”，这就让人难受了。“烙”字，在上海话里读如“落雨”的“落”，然而“烙蛤蜊”不读“落蛤蜊”。红房子就是用“杏利蛋”与“烙蛤蜊”两道菜的读法，来衡量一个客人到底是老吃客还是洋盘的。

“杏利蛋”要读作“昂利蛋”，那是omelette的音译，而“焗蛤蜊”则念作“搁蛤蜊”。如果两个人相亲去了红房子，如果女孩子知道正确的发音，而男孩子两个都读错的话，这门婚事是绝对不会成功的，“焗蛤蜊”就有这么厉害。一个连上海名菜都叫不出来的男孩，多半是个凤凰男，凤凰男是不能嫁的，就算他不是，他爹一定是。

这个字，是个用错了的字，是从广东话中的“焗”来的。焗，那是西餐中来的，当年叫番菜。大家可能听到过“奶油鸡丝焗面”，这是道天鹅阁的名菜，如果你读成了“局面”，那么恭喜你，你讨不到上海姑娘了。

焗，就是英文中的“grill”，“烤”嘛！“grill”与广东话中的“焗”字音很近，就被广东人先借用了。等到有了“焗蛤蜊”这道菜，要把它写到菜单上时，上海人“搁牢了”（与“焗”同音，“呆住了”的意思），这个字怎么写呢？整天听他们说“焗”，却写不出来，本来上海话中就没有这个字嘛。于是想来想去，这个字念“搁”，是种烹调法，一定是“火”字旁的，那么加个“各”字上去，有声旁有形旁，完美，“焗蛤蜊”就这么出现在菜单上了。

我们经常嘲笑英文简单，一个词在中文中有很多表达法，在英文中只有一个，其实反过来，也有同样的现象。就拿“烤”来说吧，“烤蛋糕”“烤薯片”“烤火鸡”“烤香肠”“烤鱼排”都是“烤”，然而在英文中分别是“bake”“toast”“roast”“grill”和“broil”，好玩吧？

烤鸭是我最喜欢的东西之一，烤的时候要在烤架下放个盘子，鸭油会滴下来，一只肥鸭能烤出好多的鸭油来，倒了很可惜，可以用来做约克郡布丁。这道小食最早是在18世纪前叶在英格兰北部发明的，是很古老的点心了。

这玩意很容易做，关键要有个烤箱，还要有个铸铁煎锅，我用的是美国老牌 Lodge 的十吋煎盘，很厚很重，只要加到足够热，煎鱼都不会粘皮，可以当作不粘锅用。

把锅先放在火上烧着，把烤箱也预热起来，450 华氏度，对的，空锅放在火上烧着，这锅厚重，要烧一会才会热，反正准备工作很快的。

真的很快，我可以在一分钟内做好，你说把四分之三杯（标准 cup，下同）面粉、一点点盐、三只鸡蛋、四分之三杯牛奶拌在一起要多久？再生手三分钟也够了吧？放在一起搅匀就行了。

锅要烧到很热很热，倒半杯鸭油在锅中，等到鸭油冒烟，把调好的面粉糊"一股脑儿"倒到锅中，记住哦，一定要一下子倒进煎盘，不能一点点地倒。

刹那间，锅中腾起一朵蘑菇云——没有这么夸张啦！"蘑菇云"是夸张，但"刹那间"不是，面糊入锅的一刹那，立马涨发起来，体积变大很多倍，最后成为一团淡黄色的云朵。

把煎盘放入烤箱，千万记得要戴防烫手套，铸铁热起来是连柄一起热一起烫的，你不想你的手也"刹那间"一下吧？烤二十分钟，它会再膨一点起来，表面也着上了色，就可以吃啦！一般是配肉汁吃的，我是配烤鸭肚子里的汁吃的，你可以用任何酱料，蘸着吃淋着吃都可以，哪怕直接吃也很好吃，这其实就是个加了面粉牛奶的焖蛋嘛！没有任何不好吃的理由啊！

大多数人家是不太可能有鸭油的，如果没有鸭油，你可以用任何的肥油来做，用烤箱烤圣路易斯肋排也会滴油，平时烤好把油留着，放在冰箱中随用随取，留一两个星期是一点问题都没有的。

对了，圣路易斯有个中文名，叫"翠花"。

泡　饭

我并不是要在生日的时候忆苦思甜哦，虽然小时候物资贫乏，我却也不至于吃了太多的苦。我拍过一部纪录片，讲四大金刚的，相信许多读者都看过，片中说到上海人的早餐，是大饼、油条、豆浆、粢饭糕和粢饭团，以及老虎脚爪，其实我在拍那部纪录片之前，都没看到过老虎脚爪，那是导演从史籍上考证出来的。

片子放出来，我们的驾驶员来问我："侬晓得哦？老虎脚爪分前脚后脚呃。"什么？还分前脚后脚？"前脚五只脚趾头，后脚四只，老早个老虎脚爪也分的，开花四爿五爿是勿一样呃，摊头浪侪晓得呃。"司机补充道。

我上哪儿找老虎数脚趾去？就算找得到老虎，我也不敢数呀！好在我家有只猫，把它抱起来仔细一数，还真是，前脚五趾后脚四趾，只是没有机会吃到分前后脚的老虎脚爪了。

现在的上海人，并不是都吃四大金刚作早餐的，生煎、小笼、锅贴、馄饨、面，都是好好坐下来吃的，大饼、油条、粢饭等，都是可以买好了边走边吃的，除非你点了豆浆和豆腐花，而在塑封杯机器流行之后，连豆浆和豆腐花也可以打包带着边走边吃了。相对来说生煎、小笼、锅贴、馄饨、面，则基本上不是边走边吃的选择了。

现在的上海人不都是吃四大金刚作早餐，过去的上海人其实也不是，听过周立波"清口"的朋友可能还记得，周立波说他家来客人时，才会叫他去买几根油条来，说明普通市民平时是不吃油条的。

我家是从来不用油条待客的，没有这种礼数，知道有客人来的话，会炖上点白木耳等客人来，过年时会有春卷，夏天则换成绿豆汤，万万没有油条待客的，但是你不能说我家没有就等于上海没有，周立波家就有。不事先说好的客人是没有礼貌的，如果来了不速之客，没有东西招待，失礼的是客人，不是主人。

我很少在家吃早饭，小时候阿婆（祖母）送我上学，总会在愚园坊弄口的中实食堂买东西给我吃，那个食堂的早点是向市民供应的，糖糕、糖饺、葱油饼、麻球、油墩子，花色很多。那时的油墩子是油氽的夹心糯米饼，不是后来"篡党夺权"的油炸萝卜丝饼。

阿婆总是说"吃仔点心再去读书"，是的，她说"点心"，不说"早饭"。

后来听说书，才知道，苏州人的确有称早餐为点心的说法。《玉蜻蜓》中胡瞎子上金家算命，碰到门上周青与之攀谈，就是："胡先生点心啊吃了？"说的就是早餐。所有的四大金刚也好，鲜肉月饼、炒肉团子、玫瑰糕、条头糕、紧酵馒头、泡泡馄饨、粽子、大肉面，在苏州话里，都是点心，对了，苏州人不叫"大肉面"，只叫"肉面"，因为苏州没有"小肉面"，小肉面是上海特色，苏州比上海富有，吃肉勿"行"吃小肉的。

只有吃饭，才能叫"早饭"，苏州人的早饭是泡粥，传到上海，是泡饭。事情是这样的，以前苏州没有热水瓶，早上起来把隔夜饭再煮一下，就成了粥，叫做泡粥。上海是新兴的工业化城市，早上没那么多时间烧煮隔夜饭，好在上海有了热水瓶，把隔夜饭放在碗里用热水泡着，上面盖个碗焖着。如果一潽泡下来，饭还不够热，就把水倒了再泡一潽，那是没有微波炉时代的无奈之举。

普通上海人，十有八九早饭是吃泡饭的，那时的酱菜、肉松、咸蛋都不是用来“过”泡饭的，过泡饭的是隔夜小菜，鱼冻可能是最好吃的东西了。肉松是生病吃粥时用的，酱瓜是炒毛豆子的，没有普通家庭会为早餐再特地买这些的。至于咸蛋，那是很久以后的事了，或者说很久以前的事了，在我小时候，连吃个鸡蛋都要用香烟票去“调”的。

由于家中宠爱，小时候没吃过几顿泡饭，现在大了，有时倒想吃顿泡饭了。现在吃泡饭，不会再吃隔夜小菜了，上海醉蟹、宁波黄泥螺、潮汕橄榄菜、广合乳腐、扬州酱瓜、东洋腌梅、韩国生腌明太子、福建肉松、不知哪里的皮蛋，都是过泡饭的好东西。神奇的是，你没法在上海的任何一家超市买齐这些，然而在洛杉矶的亚洲超市，那可是轻而易举的事。

如今，吃泡饭就完全是怀旧了，还好没有饭店推出“泡饭七小碟”之类的东西，在有了微波炉与冰箱后，隔夜饭完全没有必要就着隔夜小菜尽快消灭了。

好吧，像我一样，要怀个旧，那就取一个锅子，把冷饭放入，放水盖没，点火待水开后即时关火，然后要准备各式精致盘碟，挑喜欢的小菜小品，摆放齐整后上桌。

吃的时候，要说一声“相公请”，回一声“夫人请”。

我编不下去了，吃个泡饭，至于吗？

图书在版编目（CIP）数据

下厨记 .VII / 邵宛澍著. —上海：上海文化出版社，2018.6

ISBN 978-7-5535-1203-7

Ⅰ. ①下… Ⅱ. ①邵… Ⅲ. ①饮食－文化－中国 Ⅳ. ① TS971.2

中国版本图书馆 CIP 数据核字（2018）第 099135 号

出 版 人　姜逸青
责任编辑　黄慧鸣　张　彦
插　　图　金　阙
装帧设计　育德文传

书　　名：下厨记 VII
作　　者：邵宛澍
出　　版：上海世纪出版集团　上海文化出版社
地　　址：上海市绍兴路 7 号　200020
发　　行：上海文艺出版社发行中心
　　　　　上海市绍兴路 50 号　200020　www.ewen.co
印　　刷：上海天地海设计印刷有限公司
开　　本：890 × 1240　1/32
印　　张：7.625
印　　次：2018 年 8 月第一版　2018 年 8 月第一次印刷
国际书号：ISBN 978-7-5535-1203-7/TS.048
定　　价：30.00 元
告 读 者：如发现本书有质量问题请与印刷厂质量科联系　T：021-64366274